아빠가
알아야 할
31가지

아빠가 알아야 할 31가지

초 판 1쇄 2022년 07월 21일
초 판 2쇄 2024년 01월 18일

지은이 흔한아빠 나흔아
펴낸이 류종렬

펴낸곳 미다스북스
본부장 임종익
편집장 이다경
책임진행 김가영, 박유진, 윤가희, 이예나, 안채원, 김요섭, 임인영

등록 2001년 3월 21일 제2001-000040호
주소 서울시 마포구 양화로 133 서교타워 711호
전화 02) 322-7802~3
팩스 02) 6007-1845
블로그 http://blog.naver.com/midasbooks
전자주소 midasbooks@hanmail.net
페이스북 https://www.facebook.com/midasbooks425
인스타그램 https://www.instagram/midasbooks

ISBN 979-11-6910-040-3 03590

값 **15,000원**

🏃 **미다색북스**는 다음세대에게 필요한 지혜와 교양을 생각합니다.

임신부터 7년, 엄마가 편하려면

아빠가
알아야 할
31가지

흔한아빠 나흔아 지음

미다스북스

지나간 시간은 다시 돌아오지 않습니다.

"신혼 생활 1년만 즐기고 아이를 갖자."

두 살 터울의 저희 부부는 결혼 당시 이런 계획이 있었습니다. 하지만 막상 때가 되어 아이를 가지려고 하였지만 생각처럼 아이가 생기지 않았습니다. 병원 가서 날짜도 받아보고 권장하는 다양한 방법 등을 진행했음에도 불구하고 아이는 생기지 않았습니다. 의학적으로 문제가 없음을 확인했지만 서로 내 탓이라며 미안해하고 힘들어 하던 시절이 있었습니다. 이번까지만 노력해보고 안 되면 시험관이라도 해보자고 생각했을 때 정말 신기하게 우리에게 소중한 생명이 찾아와주었습니다.

"정말 이 안에 우리 아이가 자라고 있어?"

프리랜서 형태로 일을 하기에 시간적인 자유가 있던 저는 주책맞게도 주인님(아내를 부르는 호칭)의 거의 모든 병원 진료에 다 따라다녔습니다. 정기검진, 초음파 등을 함께 다니며 아이 태동 소리도 듣고 담당 선생님의 말씀 하나까지 경청했습니다.

"차돌아~ 차돌아 아빠야~"

차돌이는 우리 첫째의 태명입니다. 인큐베이터 안에서 아빠와 첫 만남을 한 우리 아이에게 제가 처음으로 건넨 말입니다. 그런데 앙~울던 아기가 제 목소리를 듣더니 알아들었는지 울음을 잠시 멈추었습니다. 함께 있던 부모님께서 아빠 목소리를 알아듣는 것 같다며 신기해하셨습니다.

그렇게 우리 부부는 소중한 생명과 함께 새로운 인생을 함께 걷기 시작하였습니다. 둘 다 처음이었고 주변에 도움이나 조언을 구할 만한 육아 선배가 없어서 장모님의 도움을 많이 받으며 아이를 키우기 시작했습니다. 금이야 옥이야 첫째는 그렇게 자랐고, 계획은 있었지만 생각지도 못했던 시기에 둘째가 찾아왔습니다.

둘째가 배 속에 있을 때 주인님에게 참 어려운 일들이 많았습니다. 입덧이 심하여 음식을 먹지 못해 병원에서 링거로 버티기도 하고, 교통사고까지 나는 바람에 저는 졸지에 일을 하면서 혼자 첫째 아이를 키워야 하는 상황이 되었습니다. 처음 겪는 이 상황이 너무나 막막하고 답답했습니다. 병원에 있는 엄마를 찾으며 우는 첫째를 어르고 달래야 했고, 앞으로 들어가는 돈도 많아질 텐데 일도 해야 했습니다. 이럴 때는 어떻게 해야 하는지 누구에게라도 물어보고 싶었고, 밤마다 엄마를 그리워하는 아이를 달래며 안쓰러워서 눈물도 흘렸습니다. 장모님의 지원을 많이 받고 잘 이겨냈던 시절들이 있었습니다.

다시 그때로 돌아간다면 잘할 자신이 있습니다.

그렇게 알콩달콩 아이 둘 낳고 키우면서 저는 점점 육아에 진심이 되었고, 주인님은 육아에 지쳐가고 있었습니다. 아이들을 보면 분명 예쁘고 행복합니다. 하지만 점점 지쳐가는 주인님을 보니 내가 잘못하고 있는 게 아닐까 하는 생각을 정말 많이 했습니다.

아이들이 5세, 3세가 된 2020년, 코로나라는 질병이 우리 가족에게 시련을 가져다주었습니다. 사람들이 모여야 돈을 벌 수 있는 일을 하던 저는 본업을 잃었고, 집에 있는 시간이 길어지니 아이들과의 시간 역시 많아졌습니다.

덕분에 아이들과는 가까워졌지만 경제적으로 어려워지니 주인님과는 멀어진 기분이 들었습니다. 역시 가장에게 가장 필요한 능력은 바로 경제력이라는 생각을 심장에 박으며 2년을 버텼습니다. 아이들과의 시간이 많아질수록 저는 생각과 눈물이 많아졌고, 육아와 경제력, 두 마리 토끼를 다 잡아야 한다는 강박관념이 제 건강을 해치고 있었습니다.

선택과 집중이 너무나 필요한 시기에 저는 아이들과 함께하는 시간만큼은 그 어떤 것에도 빼앗기지 않으리라 마음먹었습니다. 왜냐면 아이들의 이 예쁜 시간들은 다시 돌아오지 않을 테니까요. 그리고 이 시간들이 아이들의 미래를 평생 좌우한다는 것 역시 알고 있으니까요.

2021년 3월부터 아이들과의 추억을 블로그에 남기기 시작했습니다. 점점 육아하는 이웃들도 생기고, 소통도 많이 하였습니다. 블로그를 통해 육아 정보도 많이 얻고 고민 이야기도 하고 서로의 경험을 나눔하고 있습니다.

'맞다, 이분들도 엄마가 처음이었지.'

이웃들과의 소통을 통해 이 사실을 느끼게 되었습니다. 그때부터 아이 둘을 키운 기억으로 육아 후배님들을 위해 저의 경험을 들려주기 시작했습니다. 또한 저의 경험에 댓글로 조금 더보태주신 육아 선배님들도 계셨습니다. '덕분에 도움을 받았다, 몰랐던 것을 알게 되었다'는 이야기를 많이 들었습니다. 그중에 제일 많이 들은 것은 "우리 신랑도 그랬으면…, 우리 애 아빠는…, 난 항상 독박 육아예요."라는 말들이었습니다.

공동육아, 사전에 나온 공동육아의 뜻은 부모뿐 아니라 이웃이나 사회나 조직 단체가 육아의 공동 책임자로서 아이들이 신체적, 정신적으로 건강하게 자랄 수 있게 양육 과정에 적극적으로 참여하는 것이라고 합니다. 하지만 코로나 시대에 공동육아가 쉬운가요? 제가 생각하는 공동육아의 시작은 '아빠와 엄마가 함께 적극적인 육아 참여'라고 생각합니다. 아빠의 육아 참여가 아이의 정신 건강이나 신체적, 학문적 발달에 엄청난 도움이 된다는 사실은 보도 자료 등을 통해서 아실 겁니다.

하지만 현실적으로는 말처럼 쉽지가 않습니다. 다양한 환경 등이 아빠의 육아 참여를 어렵게 만들고 있습니다. 육아가 어렵다고 생각하거나 육아는 전적으로 엄마의 책임이라고 생각하는 아빠들이 아직도 많다고 하는 것이 저에게는 충격적이었습니다.

생각을 조금 바꾸면 됩니다. 아이들을 가르치고 돌보는 것이라 무서워서 어렵다 느끼시면 아이를 위한 것이 아닌, 사랑하는 아내를 돕는다고 생각을 해보면 어떨까요? 아내 혼자 힘드니 내가 아내를 도와야겠다고 생각하면 조금 더 쉬워집니다. 제가 이 책을 쓰는 이유는 이 정도만 알고 있어도 충분히 부부가 함께 하는 공동육아가 되지 않을까 하는 마음에서입니다.

이 책에서는 부모가 되기로 마음을 먹고 계획을 시작하는 단계부터 부모가 가져야 할 마인드, 출산, 육아를 거쳐 아이들 미취학 시절까지 제가 부모로 살아온 약 7년을 담았습니다. 엄마, 아빠가 알고 있으면 도움이 좀 되겠다고 생각하는 이야기를 시간의 흐름에 따라 소개를 합니다. 책 제목처럼 아이 아빠가 알아야 한다는 생각도 있지만 엄마도 엄마가 처음이기에 함께 알아야 한다는 생각이 더 큽니다.

보통 아빠 육아를 다룬 책에서는 "이렇게 해라, 저렇게 해라." 라는 정형화된 말을 합니다. 제가 책에서 이야기하는 육아는 아이를 위해 이렇게 하라는 것이 아닙니다. 아내의 입장에서, 남편의 입장에서, 그리고 아이의 입장에서 생각을 해보면 왜 그렇게 되는지 이해가 되기에 소통과 공감을 형성하는 것에 중심을 두는 육아입니다. 오은영 박사님이 방송에서 하는 솔루션 중에 무조건 나오는 것이 바로 아이의 마음을 읽어주는 것이고, 엄마의 마음을 읽어주는 것이었습니다. 그래서 아이와 코끼리가 대화하는 장면이 꼭 들어가는 것입니다. 근본적인 것을 알아야 현명한 해결 방법을 찾을 수 있기 때문입니다.

저의 육아 인생 7년을 담아서 그 방법을 알려드리겠습니다.

목 차

Part 6

다둥이 육아, 한 번이 어렵지 두 번이 어렵겠냐

Part

①

엄마 아빠가
되려고
마음먹었으면

아빠의 육아 참여가
절대적으로 필요한 이유 4가지

　　육아 블로그를 운영하고 아이들과의 추억들을 기록하면서 눈물이 많아짐을 느끼고 있습니다. 내가 이렇게 감성적인 사람이었나 싶은 생각도 하고, 우리 아이들과 주인님(아내를 부르는 애칭)에게 진심이었구나 하는 생각이 들었습니다. 이게 바로 아빠의 육아 참여가 필요한 이유라고 생각했습니다.

　　엄마, 아빠가 된다는 거, 단순히 두 남녀 사이에 그들을 닮은 아이를 낳고 기르는 것이 아닙니다. tvN에서 했던 드라마 〈마더〉에는 이런 대사가 나왔습니다.

"여자가 엄마가 된다는 것은 다른 자아에게 모든 걸 내어준다는 거."

"남자가 아빠가 된다는 것은 가족에게 모든 걸 내어준다는 거."

우리 첫째가 16개월쯤 되었을 때 했던 드라마였습니다. 이 대사가 마음에 훅 치고 들어오자 나도 모르게 옆에 있는 아이와 엄마를 보았습니다.

너무도 사랑스럽고 무언가 벅차오르는 가슴을 주체할 수가 없었습니다. 당장 가족에게 줄 수 있는 건 없지만 내 마음은 정말 가족을 위해 일평생 바치겠다는 다짐, 또 다짐으로 가득 찼습니다.

블로그를 하다 보니 요즘 많은 아빠들이 육아에 적극적으로 동참하는 모습을 볼 수 있습니다. 웬만한 엄마들보다 더 아이를 잘 보고 육아 스킬도 뛰어납니다. 그런 분들 보면 진짜 멋지다는 생각을 합니다. 심지어 마인드까지 멋있어서 제가 팬이 되는 경우도 있습니다. 엄마, 아빠가 되기 위해서는 강력한 마음가짐이 꼭 필요합니다. 엄마는 배 속에 아이가 들어설 때부터 엄마 마인드를 장착합니다. 하지만 아빠는 내 몸에 아이가 있는 것이 아니라 아빠 마인드를 장착하기까지 꽤 오랜 시간이 흐릅니다. 아빠의 적극적인 육아 참여는 마인드부터 시작해야 하는 게 정말 중요합니다.

아빠의 적극적인 육아 참여가 필요한 이유 1

"나 처음이라… 괜히 내가 손댔다가 아이가 다치면 어떻게 해~."

이런 저런 다양한 핑계로 은근슬쩍 육아를 곁에서만 참여하는 척만 하는 분들이 아직도 많다는 걸 알고 있습니다. 그런데요 엄마도 육아가 처음입니다. 육체적으로 아이를 낳는 건 하늘의 뜻에 따라 엄마가 한다고 치지만, 키우는 건 같이 할 수 있지 않나요? 아이가 생기면 엄마는 열 달이라는 시간 동안 못 먹고, 못 자고 하면서 아이를 키워냅니다. 곱디고운 얼굴이 애 낳고 키우다 보니 꾸미기는커녕 어느새 늘어난 흰머리, 주름, 뱃살…. 사람 망가지는 건 한순간입니다.

그럼 육아에 참여해서 엄마가 조금 덜 힘들게 해주고, 쉴 수 있는 시간도 주고 하면 좋지 않을까요? 직접적으로 아이 케어가 어렵다 생각이 들면 생각을 바꿔서 아이 말고 엄마를 케어해주면 됩니다. 엄마가 육체적으로 하는 일들을 대신 해주면 됩니다. 예를 들어 청소, 빨래, 설거지 같은 것들만 잘 해줘도 엄마는 온전히 아이에게만 집중할 수 있습니다. 안 해서 그런 거지 못할 것은 없습니다.

아빠의 적극적인 육아 참여가 필요한 이유 2

아이들은 아빠와의 소통으로 훨씬 더 많이 배울 수 있습니다. 이건 워낙 유명한 이야기라서 많이 알고 있을 거라 생각합니다.

아빠가 놀아주는 거, 아빠와 다니는 거, 아빠가 책 읽어주는 거, 아빠랑 대화하는 거, 아빠와 하는 모든 것은 아이가 건강하고 스마트하게 자랄 수 있게 하는 1등 교육법입니다.

몸으로 놀아주는 것이 가장 좋습니다. "이거 하지 마, 이건 위험해." 이렇게 지시만 하고 훈계만 하는 대화 말고, 위험한 물건을 만지려 하면 직접 몸으로 막고 이게 왜 위험한지 설명도 해주고, 아이가 노래 듣고 신이 나서 몸을 흔들면 박수도 쳐주고 노래도 같이 불러주면서 아이의 눈높이에 맞춰서 함께해주면 됩니다. 이런 사소한 행동과 교감이 우리 아이를 정말 건강하게 만듭니다.

아빠의 적극적인 육아 참여가 필요한 이유 3

부모가 가져야 할 숙명이 있습니다. 엄마는 잉태의 고통을 겪어야 하는 숙명을 갖고, 아빠는 평생 가족을 위해 희생해야 하는 숙명을 갖습니다. 엄마, 아빠도 사람인지라 힘들고 포기하고 싶을 때가 참 많습니다. 특히 아이가 떼를 쓰고 말을 안 들으면 집 나가고 싶고 그럴 때가 많습니다. 그나마 아빠는 사회생활하면서 그런 스트레스를 푼다지만 엄마는 그러지 못합니다. 반대로 엄마는 아이에게만 스트레스를 받지만 아빠는 직장에서 상사에게, 후배에게, 생계를 책임져야 한다는 무게감에 스트레스를 받습니다. 그래도 엄마, 아빠가 그런 스트레스를 이겨낼 수 있는 이유는 바로 우리 아이들 때문입니다. 아기 새는 어미가 물어오는 밥을 기다리며 성장합니다.

우리 아이들 역시 오직 엄마, 아빠만 바라보면서 힘든 세상에 적응을 하고 살아갑니다. 우리는 그런 아이들을 지켜야 할 의무가 있습니다.

아빠가 육아에 적극적으로 나서면 아이의 소중함도 더 느낄 수 있고, 험한 사회생활을 이겨낼 수 있는 원동력이 될 수 있습니다. 제가 힘든 시기를 이겨낼 수 있었던 건, 나만 바라보고 있는 우리 아이들 때문이고 나를 응원해주고 사랑으로 감싸주는 주인님이 있기 때문입니다. 그냥 아무 이유 없이 육아에 충실해보세요. 저절로 힘이 생깁니다.

마흔 살이 넘어가니까 세월이 점점 빠르게 느껴집니다. 왜 시간이 점점 빨리 간다고 느껴지는지 아세요? 나이를 들수록 생각할 게 많아지거든요. 블로그에 육아 이야기를 쓰다 보면 자연스럽게 우리 아이들 아기 때 사진첩을 자주 보게 되는데요, 사진을 보면 볼수록 그 시절이 그리워지더라고요. 정말 사무치게 그립습니다. 우리 아이들의 이 예쁜 시절이 다시 돌아오지 않는다는 걸 알고 있으니까요. 아이들이 커 갈수록 아빠와 잘 안 놀아줍니다.

그때 많이 놀아주기 바란다면 지금 육아에 적극 참여해보세요. 아빠는 언젠가 외로워질 때가 옵니다. 적극적으로 놀아준 만큼 아이들이 아빠와 오랜 시간을 함께 보내게 됩니다. 그러니 지금 우리 아이들의 소중한 순간을 꼭 함께해주세요.^^

이런 마음가짐도 없이 부모가 되려 하지 말았으면 합니다. 아이가 배 속에 생기는 그 순간부터 여러분은 달라져야 합니다.

저는 생을 마감할 때 '아~ 이번 생애 후회 없이 잘 살았다'고 생각이 들 만큼 잘 살아보는 게 꿈입니다. 그날을 위해 오늘도 우리 가족을 위해 최선을 다해서 살아봅니다.

화목한 가정을 만들기 위한
가족 문화 만들기

공동육아와 독박 육아. 분명 육아인데 두 글자로 완전 상반된 뜻을 가지고 있습니다. 육아 블로그를 운영하면서 육아 동지들과 소통을 하다 보면 이 두 가지 때문에 울고 웃고 하는 것을 많이 볼 수 있습니다. 특히 요즘 같은 시기에는 코로나 때문에 우리 엄마들은 피 말리는 하루하루를 보내고 있습니다. 어린이집에서 하루에도 몇 번씩 확진자가 나왔다며 빨리 와서 아이 데리고 가라는 연락을 자주 받거든요. 아이만 보는 엄마들은 연락

오면 데리러 가면 되는데, 맞벌이 하는 집은 진짜 미치고 팔짝 뛸 노릇입니다. 부모님이라도 가까이 계시면 도와주실 텐데 그것도 아니라면 엄마든 아빠든 직장에 눈치 보며 아이를 데리러 가야 합니다. 이럴 때일수록 더더욱 화목한 가정을 위해 노력해야 합니다.

가장 먼저 만들어야 할 가족의 문화는 바로 '공동육아'입니다. 사전에 나온 공동육아는 이웃이나 사회가 함께 육아를 하라는 이야기인데 저는 그렇게 생각하지 않습니다. 공동육아의 시작은 부모가 함께 아이를 돌보는 것이라 생각합니다. 엄마, 아빠도 공동육아를 하지 않는데 할 일도 많은 국가가 왜 굳이 아이들을 돌봐야 하는 걸까요?

생각을 조금 바꿔보겠습니다. 대부분 아이는 무슨 일이 있으면 엄마만 찾습니다. 울 때도 '엄마~엄마~' 하면서 엄마만 찾습니다. 왜 그럴까요? 엄마 배 속에서 나와서일까요? 아님 엄마가 여자라서요? 아닙니다. 그건 공동육아가 안 되고 있다는 뜻입니다. 쉽게 말해 아빠의 육아 참여가 안 되고 있다는 이야기지요.

아이는 누구의 자식인가요? 부모 모두의 아이죠? 그럼 아이는 엄마나 아빠, 둘 중 아무와라도 잘 있어야 합니다. 아빠랑 있으면 울고 엄마랑 있으면 잘 논다는 것은 아이가 아빠와 거리감을 느끼고 있기 때문입니다. 아빠가 잘 놀아주면 아이 지능 발달에 더 좋다는 건 아시죠? 어떤 일이든 부모가 함께 해야 한다고 생각하면 쉽습니다. 솔직히 출산, 모유 수유 빼고는 아빠도 다 할 수 있잖아요~

아이가 울면 아빠가 안아서 달래주고 엄마가 분유를 탄다든지, 아이가 응가했으면 아빠가 물티슈로 닦아주는 동안 엄마가 엉덩이 닦을 따뜻한 물을 받아주든지 하는 부부의 호흡이 '공동 육아'이고, 서로에게 큰 힘이 되는 일입니다.

최근 알게 된 블로그 이웃 중에 강남의 성형외과 의사 선생님이 계십니다. 바쁜 병원 생활 중에서도 블로그에 육아 일기를 작성하고 계셨습니다. 집에서 셀프로 신생아 사진, 백일 사진도 찍고 백일상도 직접 준비합니다. 그래서 대단하시다고 엄지척을 보내드렸더니 '아내와 함께 준비해서 즐거웠다'고 하셨습니다. 이게 바로 화목한 가정을 만들기 위한 우리 가족만의 '공동육아' 문화입니다. 함께 기획하고 함께 준비하고 함께 실행하고. 몸은 힘들고 어깨는 무겁지만 함께하니 덜 힘들고 더 기억에 많이 남을 겁니다. 그리고 또 다른 행복감을 느끼실 수 있을 겁니다.

혹시 가족 계획이 있으시거나 배 속에 아이가 있거나 하시는 분들이라면 미리 가족 문화에 대한 계획을 짜보시면 좋습니다. 저의 경험을 토대로 말씀드리겠습니다.

각종 집안 행사

아이가 태어나기 전부터 처리해야 할 업무들이나 행사들이 많습니다. 아이의 백일, 돌잔치 등의 행사들도 준비해야 합니다. 함께 기획하고 준비하고 행사를 치르면 두 분의 관계가 한

충 더 두터워질 것입니다. 어느 한쪽의 업무량이 많아지면 꼭 싸우게 됩니다.

저의 경험에 따르면 기획에 대한 의견은 엄마 쪽을 따라주고 아빠는 옆에서 거들고 지원해주는 역할을 하면 싸울 일이 없을 겁니다. 엄마는 아이가 배 속에 있으면서 이미 아이의 먼 미래에 대한 행사를 알아보고 계획하고 있거든요.

가족 여행

저와 주인님은 돌아다니는 걸 엄청 좋아합니다. 둘 다 O형의 혈액형을 가지고 있어서 활발한 편입니다. 저희는 아이들 200일 때부터 정기적으로 가족 활동에 대한 문화를 만들었습니다. '매월 마지막 주 토요일은 여행 가기' 식의 가족행사를 만들고 즐겨보세요. 가족이 완전 끈끈해집니다.

저희 집은 매년 2월 말, 9월 중순 이렇게 2회 가족 여행을 가는 문화를 만들었습니다. 물론 여행 가면 모든 아이 케어는 아빠의 몫입니다.

아이 성장에 맞는 행사 기획

백일, 돌잔치는 기본이고, 1,000일이나 문화센터 처음 간 날, 어린이집 가는 날 등 아이 기준에서의 특별한 날을 만들어주면 좋습니다. 특히 아빠가 함께하는 프로그램, 아빠가 최대한 참여할 수 있는 프로그램으로 짜면 더 좋습니다. 함께하는 것만으로도 가족에게는 큰 방패가 될 것입니다.

아이 케어

출퇴근 시간 외에 씻고, 화장실 가고, 잠자는 시간을 제외하고 아이는 아빠가 직접 돌보는 게 좋습니다. 분유도 먹이고, 트림도 시키고, 잠도 재우고요. 그러는 동안 엄마는 잠깐이라도 혼자만의 시간을 가질 수 있습니다. 커피도 마시고 반신욕도 하면서 체력을 보충할 수 있습니다. 무슨 일이 있거나 아빠가 힘들어 보이면 엄마는 무조건 지원을 해줄 테니까 걱정 마시고 아이와 시간 보내면 됩니다. 가능하면 아이 목욕은 아빠가 해주세요. 특히 딸들은 아빠와 목욕할 수 있는 시간이 많지 않습니다. 그러니 조금이라도 더 아이들과 살 냄새 맡으며 교감할 수 있을 때 하면 좋다는 이야기입니다.

이렇게 출산 전부터 함께할 행복한 미래를 그려보는 것이 꼭 필요합니다.

산전 검사를 통해
건강한 아이를 만들어보자

　결혼 전에 혹시 건강검진이나 예방접종을 하신 적이 있으신 가요? 올해 결혼 10년 차인 저는 결혼 전 양가 부모님께 결혼 승낙을 받으러 가기 전에 이 두 가지를 다 했습니다. 평생 내 인생을 받아주는 사람인데 건강한 몸으로 가는 게 예의라고 생각했기 때문입니다.

　내과에 가면 보건복지부에서 내려온 예방접종 지침을 알 수 있습니다. 필수부터 선택까지 사람이 살면서 받아야 할 예방접종의 종류가 참 많은데요. 저는 그걸 차례로 다 맞아버렸습니다. 요즘은 남자 비뇨기과 검사까지 받고 간다고들 하던데요. 이제 건강한 신체는 결혼을 하기 위한 필수적인 혼수가 되었나 봅니다.

"우리는 1년 동안 신혼 생활 즐기고 내년 가을쯤 돼서 아이 가질까?"

이런 행복한 고민을 한 번씩 다 해보셨을 겁니다. 하지만 생각처럼 우리의 계획에 맞춰 아이가 생기지는 않습니다. 배란일도 맞춰보고, 몸에 좋은 것도 많이 먹고 하는데도 잘 안 생깁니다. 요새는 유해한 환경에 많이 노출되어 있고, 산모의 첫 출산 나이도 많아지다 보니 그럴 수 있습니다. 그래서 이제는 산전 검사가 꼭 필요하다고 생각을 합니다.

엄마, 아빠의 건강 상태를 체크하여 영양 관리도 하고, 혹시라도 있을 유전적인 요인들을 찾아서 필요한 예방접종도 하고 관리를 할 수 있기 때문입니다. 건강한 아이가 태어나길 바란다면 최고의 컨디션으로 아이를 가져야 합니다.

산전 검사 종류 및 방법 : 여성

혈액형, 일반 혈액 검사, 매독혈청 검사, 에이즈 검사, 갑상선 기능 검사, 풍진 항체 검사, 수두항체 검사, 초음파 검사, 소변 검사, 자궁경부암 검사, B형 C형 간염 검사, 성병 검사 등 다양한 검사를 통해 유산, 조산의 위험도 예방하고 임신 합병증도 예방할 수 있습니다. 보건소에 가면 기초적인 무료 검사가 가능하고, 병원에 가셔서 추가적인 검사를 하면 알뜰하게 산전 검사 진행이 가능합니다.

산전 검사 종류 및 방법 : 남성

산전 검사는 여자만의 일이 아닙니다. 건강한 아이를 갖기 위해서는 남자의 건강 역시 너무 중요합니다. 남자의 정자는 새 생명의 씨앗이라는 표현을 하고 여자의 몸은 아기가 살아가는 집이라고 표현을 합니다. 그렇기에 남자 역시 산전 검사를 통해 건강 상태를 체크해보는 것이 중요합니다.

여성은 산전 검사 종목이 많은 것에 비해 남자는 3가지만 진행합니다. 성병 검사, 간염 검사 그리고 정자 검사입니다. 보통 비뇨기과에서 소변, 피를 통해서 두 가지를 확인하고, 정자 검사는 그 밀폐된 공간에서 시청각을 보면서 자료를 채취하여 검사를 합니다. 산부인과에서도 남자 산전 검사를 해주는 곳이 있고, 종합병원 같은 곳에서는 유전자센터에서 진행을 해줍니다. 저는 서울대병원에서 했습니다. 솔직히 여기는 비추합니다. 서울대병원이라 검사 결과는 정확하겠지만 남자가 검사를 위해 들어가야 하는 밀폐된 곳이 간호사실 바로 옆에 붙어 있어서 참 민망합니다. 검사하러 들어가서 빨리 나오자니 자존심 상하고, 늦게 나오자니 눈치 보이고, 참 그렇습니다.^^ 웃자고 하는 이야기니 그냥 넘겨주세요.

건강한 정자는 3개월이라는 시간이 필요합니다. 그래서 적당한 운동, 금주, 금연 등의 철저한 관리도 필요합니다. 그렇지만 대부분 술 한잔하고 분위기에 취해서 관계를 진행하지요. 물론 술이 좋은 것은 아니지만 그 순간만큼은 엄마, 아빠 모두 해피

바이러스를 갖고 있으니 나쁘다고만은 할 수 없겠네요. ^^

저희 부부는 2년 넘게 온갖 노력을 한 끝에 소중한 첫째가 생겼습니다. 당시에 나팔관 조영술, 배란 유도 주사 등 세상에 나와 있는 온갖 방법을 다 해봤던 것 같습니다. 아이가 오랫동안 안 생기면 엄마, 아빠 모두 지칩니다. '나 때문에 그런가, 내가 무슨 잘못을 했나.' 하면서 스트레스도 많이 받습니다. 사랑하지만 의무적으로 해야 하는 부담감도 꽤 큽니다. 더 이상 안 되면 시험관까지 가보자고 하면서 반 포기 상태일 때 아이가 불쑥 찾아와주었습니다. 정말 아이는 하늘에서 준 선물이 맞는 것 같습니다.

건강한 가족 계획은 엄마, 아빠 모두가 노력해야 하는 겁니다. 혹시 계획이 있다면 둘이 같이 손잡고 산전 검사 받으러 다녀오세요!!

아들 딸 구별해
낳는 방법이 있대요

"난 나 닮은 아들이 좋아."

"엄마한테는 딸이 있어야 해~"

결혼 전에 이런 생각 한번이라도 해 보셨죠? 사실 아이는 생기는 대로 낳는 건데 내가 꿈꿔왔던 가족계획을 이루고 싶어 하는 인간의 욕구는 어쩔 수 없습니다.

저는 딸만 둘입니다. 단 한 번도 아들 갖고 싶다고 생각을 해본 적도 없고, 지금 너무 행복합니다. 보통 엄마, 아빠들은 딸은 꼭 낳고 싶어 합니다. 아들보다는 딸이 주는 행복이 더 큰가 봅니다. 저 역시도 딸만 둘 낳고 만족도가 너무 높습니다. 그래서 혹시라도 도움이 될까 싶어서 아들 딸 구별해서 낳는 방법을 알려드리려 합니다.

다만 알려드리는 방법은 일본의 불임 전문의 '하라 토시오'가 저술한 『딸 낳는 방법, 아들 낳는 방법』에 나온 이야기와 '카더라 통신'을 토대로 말씀드리는 겁니다. 제가 말씀드리는 기준은 딸 낳는 법을 기준으로 말씀드리는 겁니다. 그 반대로 생각하면 아들 낳는 법인 것이지요!

딸 낳는 법 1

배란일을 체크해서 관계를 하는 방법입니다. 아들 정자(Y)와 딸 정자(X)의 수명을 활용하는 방법입니다. 보통 딸 정자가 아들 정자보다 오래 산다고 합니다. 그래서 배란일 2~3일 전에 관계를 하면 배란이 나올 때쯤이면 아들 정자는 죽어 있고 딸 정자만 살아남아서 난자를 만나는 거지요. 보통 여자가 남자보다 오래 산다고 하잖아요~ 이런 방법으로 하면 딸 낳을 수 있겠네요!

딸 낳는 법 2

몸을 따뜻하게 하고 관계를 맺는 겁니다. 이 방법 역시 아들 정자(Y)와 딸 정자(X)의 성질의 차이를 가지고 하는 말인데요. 딸 정자는 열에 강하고 아들 정자는 열에 약합니다. 그러니 몸이 뜨거우면 아들 정자는 못 버티고 나가떨어진다는 얘기입니다. 잘 이겨낸 딸 정자만 살아서 딸이 되는 겁니다. 그래서 뜨거운 밤(?)이라는 표현을 쓰나 봅니다. 예전부터 아들내미가 참을성이 없다는 말을 많이 들었는데 그걸 증명하는 것 같습니다.

딸 낳는 법 3

식초수를 활용하는 방법입니다. 딸 정자가 산성에 강하다고 합니다. 그래서 관계 전에 물에 식초를 한두 방울 희석해서 질을 헹궈두면 됩니다. 다만 이 방법은 관계를 하는 당사자, 즉 아빠에게 불쾌감을 줄 수 있기 때문에 추천을 하지 않습니다. 특히 민감한 아빠들은 냄새 때문에 제 기능을 발휘하지 못하는 경우가 있습니다. 그럼 말짱 도루묵 되니 이건 비추하는 바입니다.

딸 낳는 법 4

이건 아빠가 꼭 들어야 하는 이야기입니다. 관계 시 엄마가 오르가즘을 느끼게 되면 알카리성 점액이 분비되어 아들 가질 확률이 높아진다고 합니다. 꼭 오르가즘이 아니더라도 기분 좋은 시점에 사정을 하면 된다고 하는데 타이밍 맞추는 것도 어렵고, 그걸 느끼게 하는 것은 아빠가 어떻게 하느냐에 따라 다르고 엄마의 컨디션도 체크해야 하는 부분이므로 이건 두 분이 잘 확인해서 진행을 해야 합니다. 자신 없는 사람은 이 방법은 그냥 포기하고 다른 방법을 활용하시는 게 좋겠습니다.

피곤할 때 관계를 하는 방법입니다. 몸이 피곤하면 산성화됩니다. 그럼 산성에 강한 딸 정자가 아들 정자를 물리치고 살아남아서 엄마 몸에 자리 잡을 확률이 크답니다.

어떠세요? 지금까지 말씀드린 내용들은 딸 낳는 방법인데요, 그 반대로 해보면 아들을 낳을 수 있지 않을까요? 그렇지만 지금부터가 진짜입니다. 진짜 딸 둘 가진 아빠의 경험이 담긴 현실적인 이야기입니다. 딱 2가지인데요, 잘 들으시기 바랍니다.

첫째, 아이는 하늘에서 내려주는 선물입니다.

아무리 내가 원한다 해도 안 생기는 게 아이입니다. 아무리 의학적인 일정을 맞추고 눈이 다 풀리고 다리가 다 풀릴 때까지 한다고 해도 하늘에서 주지 않으면 안 생깁니다. 그건 제가 경험을 통해서 얻은 깨달음입니다. 그러니 아들 딸 구별 말고 하늘에서 주시면 '아이고, 감사합니다. 잘 키워보겠습니다.' 하고 열심히 육아하시기 바랍니다.

둘째, 아이의 성별은 남자한테 달렸다.

아들이고 딸이고 정자는 남자의 몸에서 나옵니다. 그중에서도 엄마 몸에서 나오는 난자와 만나는 것은 남자가 보내는 겁니다. Y를 보내면 아들인 거고, X를 보내면 딸인 겁니다. 엄마 입장에서는 남자가 보내는 거 받아서 열 달 동안 열심히 키워서 낳는 겁니다.

내가 원하는 성별의 아이가 나오지 않는다고 힘들게 출산한 아내를 구박하거나 아쉬워하지 마시기 바랍니다. 아들 갖고 싶었는데 딸이 나왔다고 구박하지 마십시오. 아쉬워하는 표현, 말, 행동 절대 하지 마십시오. 아이도 듣고 엄마도 듣습니다. 아이는 그런 말을 듣는 순간 '아, 내가 잘못 태어났나?' 하는 생각을 할 겁니다. 그럼 그때부터 아이는 행복하지 않은 인생을 살게 될 것입니다.

마지막으로 이거 한 가지만 생각해 보세요. 아이는 본인이 원해서 태어나는 게 아닙니다. 엄마와 아빠가 사랑을 해서 세상에 태어났습니다. 아이가 살아가는 게 행복하다고 느낄 수 있게 '뭘 해줄까?' 이 고민만 하면 되겠습니다. 이건 저의 평생 고민 이자 숙제입니다.

둘이서 보내는
마지막 시간
10개월

임신 초기 남편이 해야 할
다양한 대처 방법

임신 기간에 남편의 행동이 남은 인생 동안 부부관계에 영향을 크게 끼친다는 것은 모두가 다 알거라 생각을 합니다. "늙어서 마누라한테 밥이라도 잘 얻어먹으려면 잘해." 이런 말 한 번이라도 들어보셨나요?

처음 배 속에 소중한 생명이 찾아왔다는 사실을 알았을 때 오묘하고 신기하면서 처음 느껴보는 기분 좋은 느낌이었을 겁니다. 아기가 생겼다는 것은 두 사람 인생에 새로운 시작이자 큰

축복입니다. 이제부터는 행복한 미래를 위해 함께 노력하고 만들어가야 합니다.

저희 부부도 정말 어렵게 첫아이를 가졌기 때문에 저는 지금 모든 순간이 소중하고 또 소중합니다. 지금부터 저의 경험을 토대로 임신 초기 다양한 경우에 따른 남편의 대처 방법을 말씀드리겠습니다.

참고로 저는 의료인, 아동 전문가도 아닙니다. 다만 결혼 10년 차이자 육아 7년 차의 경험을 토대로 말씀을 드리는 겁니다.

임신 초기 증상 1. 입덧

보통 임신 9주쯤 되면 나타나는 증상인데요, 임산부의 75% 이상이 갖는 증상입니다. 구역질이나 가벼운 구토 같은 것이 생기는데 입맛도 떨어지고 좋아하는 음식도 바뀝니다. 원인도 의학적으로 밝혀진 것이 없기에 입덧을 유발하는 음식이나 냄새 등은 피해야 합니다.

남편의 대처법 : 수시로 산모의 컨디션을 체크하고 영양분을 채워주는 것에 집중을 해야 합니다. 임신을 하면 태아와 영양분을 나눠야 하기에 잘 먹어야 합니다. 그러기에 입덧을 유발하는 특정한 음식이나 냄새 등은 피해야 하며 부족한 영양분은 그 어떤 방법을 써서라도 채워주어야 합니다.

(1) 먹을 수 있는 음식이라도 조금씩 자주 먹게 해주세요.

(2) 자극적인 맛이 나는 음식이나 지방이 많은 음식은 안 되고, 철분제 등은 잠시 먹지 않도록 해야 합니다.

(3) 구토로 인해 수분이 많이 빠지므로 물, 이온음료, 야채주스 등을 조금씩 자주 먹게 하면 좋습니다.

(4) 사람에 따라 간이 좀 있는 음식도 도움이 됩니다.

임신 초기 증상 2. 소변이 자주 마렵고, 변비가 생길 수 있습니다

자궁이 주먹만 하게 커져서 변비가 생길 수 있고 소변이 자주 마려울 수 있습니다.

남편의 대처법 : 안 그래도 입덧 때문에 먹는 것도 없는데 변비까지 생기면 얼마나 속이 불편하고 짜증이 날까요? 신선한 야채 주스나 단백질 보충할 수 있는 거 챙겨주세요.

임신 초기 증상 3. 분비물이 늘어납니다

남편의 대처법 : 여성청결제도 유기농으로 좋은 거 사주고, 기분이라도 좋게 속옷이랑 위생용품들을 좋은 걸로 사주세요~

임신 초기 증상 4. 유산이 많을 위험한 시기입니다

남편의 대처법 : 최대한 무리하지 않게 집안일도 다 해주고, 가능하면 편히 소파나 침대에서 쉬고 잘 먹을 수 있게, 그리고 스트레스도 받지 않게 해주세요.

저희 집은 첫째 때 입덧이 거의 없어서 뭐든지 엄청 잘 먹었습니다. 고기, 과일 상관없이 다 잘 먹어서 덕분에 저도 잘 먹었습니다. 그런데 아이가 태어나더니 밥을 정말 안 먹습니다. 병원에서도 얘는 밥 먹는 것 자체에 흥미가 없는 애라고 합니다. 아무리 배가 고파도 밥 달라는 말 안 하고, 밥이 나와도 배가 안 고플 만큼만 채우면 숟가락을 내려놓습니다. 그런데 문제는 정상적인 속도로 잘 성장하고 있다는 거지요..

반대로 둘째 때는 입덧이 징그럽다 싶을 정도로 심해서 거의 못 먹고 몇 달을 병원에서 링거로 버텼습니다. 그런데 태어나서는 정말 잘 먹습니다. 없어서 못 먹습니다. 많이 먹는 데도 살이 안 찌고 체중 미달입니다. 참 신기하지요~

결론1. 남편들은 보세요

임신 초기에 증상이 있으나 없으나 무조건 해야 합니다.

최대한 편히 쉬게 해주기

입덧 체크해서 영양분 채워주기

이때부터 산모들은 우울증이 시작됩니다. 너 만나서 나만 고생하는 것 같고 약간 불리한 기분도 들고 그럴 수 있습니다. 그러니 나도 임신했다 생각하고 아내가 못 먹으면 같이 안 먹고 잘 먹으면 같이 잘 먹으면 됩니다. 천사 같은 아내는 보통 "난 괜찮으니 오빠는 어여 먹어~ 괜히 나 때문에 미안해." 이렇게 얘기합니다. 그래도 괜찮다고 하면서 함께해주세요. 다음 날 회사 가서 점심시간이든 회식시간이든 잘 먹을 수 있잖아요. 아내가 남편으로부터 보호받고 있다는 걸 느끼게 해줘야 이 힘든 시기를 이겨낼 수 있습니다.

결론2. 아내들은 보세요

남자는 단순합니다.

1. 얘기를 안 해주면 절대 모릅니다. 증상을 얘기하고 함께 해달라고 꼭 이야기해주세요. 그럼 함께 해줄 거예요. 혼자 서운한 맘 담고 있어봤자 좋을 거 하나도 없습니다. 가족이니까 당연히 알겠지 생각하지 마세요. 가족이니까 꼭 얘기를 해주어야 하는 겁니다.

2. 남편 역시 노력하고 있다는 걸 알아주세요. 물론 남편은

몸이라도 멀쩡하고 잘 먹을 수 있기에 한편으로는 내가 불리하다는 생각이 들 수 있을 텐데요. 남자는 앞으로 태어날 아기와 아내를 책임져야 한다는 엄청난 부담을 갖고 살고 있습니다. 그 부담감은 죽을 때까지 가지고 갑니다. 임신 기간은 10개월이지만 남편은 평생입니다. 물론 아내도 같은 생각이겠지만 남자가 느끼는 무게는 생각보다 많이 무겁답니다. 힘내라고 많이 응원해주세요! 아시죠? 칭찬은 고래도 춤추게 한다는 것!

태교 여행,
둘이서 보내는 마지막 여행

평안한 결혼 생활을 위해서 결혼 전부터 꼭 해야 하는 3대 요
소가 있습니다.

1. 프러포즈

2. 신혼여행

3. 태교 여행

이 3가지는 평생 한 번뿐이기 때문에 신랑은 꼭 챙기셔야 합니다. 그중에서 태교 여행을 둘이서 보내는 마지막 여행이기에 필히 다녀오시면 좋을 것 같습니다.

저의 첫 해외여행은 신혼여행이었습니다. 참 그동안 뭐하고 살았나 모르겠습니다. 같이 여행도 한 번 안 가보고 결혼까지 골인하다니 저도 참 대단한 놈이었나 봅니다. 우리 주인님 역시 해외를 안 가본 건 아니지만 저와 마찬가지로 젊은 시절에 여행을 많이 다녔던 사람이 아니었습니다. 그랬던 우리가 신혼여행 이후로 여행이 주는 진정한 맛을 깨닫게 되었습니다. 이후로 국내는 물론이고 연간 2회 정도 해외여행을 다녔습니다. 아이를 낳은 이후로도 꾸준히 그렇게 다니고 있는데요, 우리 아이들이 세상을 넓게 바라봤으면 하는 마음이 가장 큽니다. 무엇보다 주인님과 제가 사용하는 모든 신용카드, 체크카드를 항공사 마일리지 적립카드로 바꾸어서 차곡차곡 마일리지를 모으고 있습니다.

마음만 먹으면 언제든지 갈 수 있는 게 여행이라지만 인생에서

단 한 번뿐인 여행이 있습니다. 그건 바로 신혼여행, 그리고 태교 여행입니다. 신혼여행은 결혼식 후 단둘이 가는 여행이라고 하면, 태교 여행은 인생에서 둘이 갈 수 있는 마지막 여행입니다. 그런 의미에서 태교 여행은 꼭 가야 하는 필수라고 생각을 합니다.

코로나 이전에는 태교 여행으로 많이 가던 곳이 괌 또는 사이판이었습니다. 특히 괌은 거의 모든 산모들의 로망인 태교 여행지입니다. 대한민국에서 가장 가까운 미국땅인 데다가 엄마들이 좋아하는 미국 아기용품들을 아주 저렴하게 구입할 수 있다는 점에서 큰 인기입니다. '휴양 + 아기용품 구입 = 괌 태교 여행' 이런 공식이 있습니다. 지금은 코로나 때문에 무서워서 해외를 못 나간다지만 유일하게 괌은 자가격리 면제 혜택을 주는 관광지여서 연휴 때 많은 분들이 다녀왔다고 합니다.

"태교 여행을 꼭 해외로만 가야 하나요?"
이런 생각을 많이 하실 텐데요, 아이 낳고 키우다 보면 당분간은 해외여행 꿈도 못 꿉니다. 환경적으로나 경제적으로나 다양한 이유로 쉽게 나가기 어렵기 때문에, 거기다가 둘이 가는 마지막 여행이기에 이왕이면 해외로 다녀오는 게 좋다고 생각합니다.

임신 초기 입덧으로 힘들어하고, 변해가는 몸 상태에 우울해하는 아내를 위한 유일한 희망은 태교 여행을 기다리는 설렘뿐입니다. 태교 여행을 가기로 마음을 먹었다면 준비 역시 철저히 해야 합니다.

태교 여행 시기

병원에서 이야기하는 태교 여행이 가능한 시기는 안정기라고 할 수 있는 14~28주 정도입니다. 보통 26~28주 사이에 많이 가시던데 그 이유는 모르겠지만 저희 부부 역시 26주에 다녀왔습니다. 임산부는 가능하면 6시간 이상 장시간 비행은 피하는 게 좋습니다. 그리고 질병이 많고 지저분한 지역은 피해야 하고요. 사람들이 괌으로 가는 이유도 4시간이라는 적당한 시간과 깨끗한 환경이 아닐까 생각을 합니다.

꼭 챙겨야 하는 것!

해외 입국자 격리 면제로 인해 해외로 가려는 분들이 많습니다. 물론 임산부들은 백신을 안 맞으신 분도 많고 이미 걸렸다가 해제되신 분도 계실 테지요. 여기서 꼭 챙기셔야 할 것은 백신접종증명서가 아니고 바로 영문으로 발급된 소견서입니다. 다니시던 산부인과에 가셔서 우선 해외여행이 가능한 몸인지 체크를 하시고 괜찮다 하면 영문소견서를 발급받으시면 됩니다. 그리고 여행지 주변 병원 위치 등도 미리 체크하면 좋겠죠?

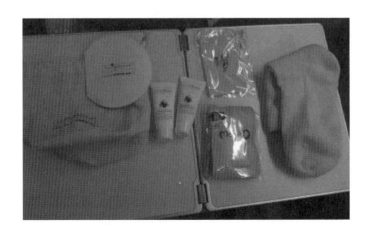

비행기에서

　임산부가 탑승했다고 하면 기내 안에서 항공사로부터 특별한 선물을 받기도 합니다. 별거 아니지만 기분은 좋습니다. 비행기는 좁은 공간이라 오래 앉아 있으면 혈액순환이 잘 되지 않습니다. 이 경우 배 속 아기한테 안 좋은 영향을 미칠 수 있으니 가끔씩 일어나서 간단한 스트레칭을 해주거나 복도를 걸어주는 것도 좋은 방법입니다. 특히 안전벨트는 골반과 배 사이에 해주어야 해요!

음식

여행을 가면 현지 맛집을 많이 찾아다닙니다. 그게 바로 여행의 맛이지요. 하지만 임산부는 속이 메스껍거나 그럴 수 있기 때문에 한식이 무조건 필요합니다. 전자레인지가 있는 숙소도 있으니 포장 김치, 컵라면 등 즉석식품을 챙겨가면 도움이 됩니다.

역할 분담

태교 여행 시기에 맞게 장소, 교통편, 숙소들에 대한 의견을 함께 나눴으면 이제부터는 서로 역할을 분담하여 태교 여행 준비를 하면 됩니다.

남편의 역할
- 교통편 예약 (항공권, 기차표, 현지 교통수단, 자가, 렌트카 등)
- 숙소 예약
- 여행지 병원 현황 등 체크

- 여행지 날씨 체크
- 여행지 언어 체크
- 비상약 준비
- 국제면허 신청하기
- 여행경비 모으기

아내의 역할
- 현지 맛집 찾기
- 쇼핑리스트 작성

여행을 떠났다면 이제부터 유일한 보호자는 신랑입니다.

절대적으로 안전하고 즐거운 여행이 되도록 신랑은 잠시도 긴장을 놓지 말고 돌봐야 합니다. 그리고 무조건 잘 먹어야 합니다. 사먹든 해먹든 잘 먹어야 산모도 행복하고 신랑도 체력적으로 버틸 수 있습니다. 결과적으로 태교 여행은 신랑이 피곤한 여행입니다.

아무쪼록 계획 잘 세우시고 인생에서 둘만 다녀올 수 있는 마지막 여행 잘 다녀오시기 바랍니다.

출산 가방,
여행만큼 설레는 짐 싸기

태교 여행도 다녀왔겠다, 이제 새 식구를 맞이할 준비만 하면 됩니다. 아기가 사용할 침대, 수건, 욕조, 젖병, 분유 등 꽤 많은 물건들이 집에서 아기를 기다리고 있을 겁니다. 용품들을 보기만 해도 기분이 좋습니다.

아이를 낳으러 집을 나서면 병원을 거쳐 산후조리원까지 약 3주 정도 집을 비우게 됩니다. 여행을 갈 때 짐을 싸는 것처럼 출산하러 갈 때도 가방을 싸야 합니다. 이제는 산모뿐 아니라 태어날 아기를 위한 것들도 함께 챙겨야 하기에 꼼꼼한 체크가 필요합니다. 그래서 출산 가방 리스트를 한번 점검해봤습니다. 필히 아빠가 챙기시고 엄마는 감독만 하시기 바랍니다. 보통 양이 아니기 때문에 건강한 아빠가 챙겨야 한다는 점 잊지 마세요.

저희 아이들은 모두 서울성모병원에서 태어났는데요, 개인병원과 종합병원은 조금 차이가 있습니다. 가장 큰 차이는 입원 기간과 분위기 차이인데요, 자연 분만과 제왕 절개에 따라서 모든 것이 달라집니다.

		개인병원	종합병원
분위기		가족 같은 분위기	오피셜 분위기
입원 기간	자연 분만	3박 4일	1박 2일
	제왕 절개	일주일	2박 3일

보통 병원이나 조리원에서 준비할 것들을 안내해줍니다. 하지만 많은 선배 산모님들의 경험에 의하면 병원에서 알려주는 것 이상으로 다양하게 필요하기에 제가 꼼꼼히 정리해보겠습니다.

산모를 위한 물품

- 개인 세면도구 (수건, 칫솔, 치약, 폼클렌저, 샴푸 등)
- 슬리퍼 (실내, 실외용), 속옷, 여벌옷, 슬리퍼, 양말, 내복, 수유 브라 등
- 마스크, 압박 스타킹, 복대, 물티슈, 머리끈 등
- 개인용 텀블러, ㄱ자 빨대 (구부러지는 거)
- 휴대용 충전기, 멀티탭 등
- 로션 등 기초 화장품, 미스트, 튼살 크림, 오일 등
- 각종 영양제 (철분제 필수)
- 산모 패드, 생리대, 수유 패드, 복대 등
- 유축기 깔때기, 유두 보호 크림 등

- 방수 테이프, 흉터 연고 등

진짜 엄청 많죠? 저희가 제왕 절개로 출산을 했기에 그 기준으로 적다 보니 항목이 좀 늘었네요. 제왕 절개를 한 산모들에게는 구부러진 빨대가 필수입니다. 배를 갈랐다가 붙여 놓은 상태이기 때문에 행동이 꽤 불편합니다. 그렇기 때문에 구부러진 빨대로 물도 마시고 해야 합니다. 그럼 미스트는 왜 챙기냐고요? 조리원이 좀 건조합니다. 여름에는 에어컨을 틀어서 실내 습도가 낮고요, 봄가을과 겨울에는 난방을 하기 때문에 심하게 건조합니다. 그래서 미스트를 자주 뿌려주면 피부 관리에 도움이 됩니다. 유축기는 조리원에 있지만 우리 아이가 먹을 거라서 깔때기는 개별로 챙겨가는 게 맞다고 생각합니다. 방수테이프는 제왕 절개 수술 부위에 붙이고 씻어야 하기에 꼭 필요합니다.

아기를 위한 물품
- 속싸개, 배냇저고리, 외출용 겉싸개, 모자 등
- 손수건, 아기 물티슈, 각티슈, 기저귀 등

- 아기 바디용품, 분유 한 통, 젖병 등

산모에 비하면 아주 적은 양이죠? 아기 바디용품은 혹시라도 모자동실 시간에 건조하다 싶으면 발라줘야 하기에 미리 준비하세요.

보호자를 위한 물품
- 개인 세면도구, 침구류, 갈아입을 옷, 화장품 등

지금은 코시국이라서 모르겠는데 저 때만 해도 조리원에서 아빠가 같이 생활하는 경우도 많았습니다. 아빠를 위한 물품은 되게 간단하죠? 학창 시절 MT 간다고 하면 복학생 선배들이 칫솔 하나만 달랑 들고 가는거랑 비슷하다고 보시면 됩니다. 생존을 위한 최소한의 짐만 있으면 된다는 말입니다.

부모가 되기 위한 준비, 이제부터가 시작입니다. 앞으로 모든 짐은 아빠가 다 챙겨야 합니다. 그러기 위해서는 우리 아빠들이 잘 먹고 건강 잘 챙기셔야 합니다. 파이팅!!

출산하는 날,
유도 분만과 제왕 절개

결론부터 이야기를 하고 시작하겠습니다.

우리 아이를 출산을 했다는 이유만으로도 아빠는 엄마를 평생 존중해주고 사랑해줘야 합니다. 제가 왜 이렇게 이야기를 하는지 경험담을 통해 말씀드리겠습니다.

저희 부부는 시험관 시술 직전에 힘들게 아이를 얻었습니다. 그리고 출산 때도 최악의 시나리오까지 경험하면서 출산을 하였습니다. 굳이 안 해도 되는 고통을 다 받고 아이를 낳았던 것이죠.

첫째 아이는 엄마 배 속에 있을 때 입덧도 없고 진짜 엄마를 편하게 해주었습니다. 정말 효녀라고 생각을 했습니다. 어찌나 활발한지 출산 일정이 다가오는데 자꾸 돌고 돌아서 거꾸로가 아닌 바로 서 있었습니다. 태아는 거꾸로 서 있어야 머리부터 나올 수 있습니다. 초음파 검사 시작 때 바로 서 있었는데 갑자기 순식간에 거꾸로 돌아버렸습니다. 세상에~ 하루에도 수십 명의 산모를 검사하는 초음파 선생님도 검사 도중 돌아버린 경우는 처음이라고 합니다. 그래서 이 녀석이 나중에 큰일 하겠다는 생각도 했었습니다.

이제 예정일이 얼마 안 남았던 상황이었기에 담당 교수님은 제안을 하십니다. 언제 또 다시 돌아버릴지 모르니 거꾸로 있을 때 유도분만으로 출산을 하면 어떻겠냐고. 저희 입장에서도 선생님이 제안하신 대로 하는 게 좋겠다는 생각이 들어서 월요일 저녁에 입원하기로 하고 다양한 검사를 진행했었습니다.

유도분만은 진통이 없는 산모에게 인공적으로 진통을 유발시켜서 출산을 하게 하는 방법입니다. 예정일이 넘거나 임신중독증 같은 다양한 상황이 발생했을 때 빨리 분만을 유도하기 위해 사용하는 방법입니다.

저희 아이가 태어난 서울성모병원에는 출산 직전 진통 있는 산모들만 모여 있는 입원실이 따로 있는데요, 그곳은 남자 보호자는 못 들어갑니다. 진통이 와서 고통스러워하는 산모들만 있는 곳에 주인님을 두고 나오는데, 그곳에서의 시간이 얼마나 무섭고 힘들었을까 생각을 하니 지금도 미안하고 짠하네요.

저는 집에 가서 미리 준비해놓은 출산 가방을 챙겨서 병원으로 와서 대기를 했습니다. 소중한 아이가 나오는 순간 손이라도 잡아주고 싶어서 4시간에 8만 원 하는 가족 분만실도 예약해놓았습니다. 밤새 사르르 배가 아팠지만 심한 진통은 없었습니다. 가족 분만실이 비어서 이동을 하였습니다. 나올 듯 말 듯하던 아이는 나오지 않았고, 혹시 모를 상황에 대비하여 물도 한 방울 못 마시고 끙끙 앓기만 하였습니다. 옆에서 할 수 있는 게 없다는 게 참 그랬습니다. 전날 밤부터 18시간을 꼬박 진통을 하고 아기가 나오려는데 머리가 끼어서 못 나오고 있었습니다. 결국 전신마취 후 제왕 절개로 첫째를 출산하였습니다. 오랜 진통 끝에 제왕 절개…. 엄마의 입장에서는 자연 분만이 좋다는 걸 알기에 죽기 살기로 버텼지만 결국…. 아이가 태어나면 가장 먼저 엄마 품에 안겨봐야 하는데, 우리 딸은 바로 인큐베이터에 들어가서 아빠를 만나러 나왔습니다. 그렇게 고통스러운 시간을 보내고 아이가 태어나는 순간을 보지도, 안아보지도 못했다는 것에 마음이 참 아팠습니다. 그래서 그런가요? 우리 첫째는 아직도 엄마에 대한 집착이 심합니다.

제왕 절개를 하면 출산의 고통은 덜 느끼겠지만 후유증이 좀 있어서 가능하면 안 하는 게 좋습니다.

– 흉터 : 제왕 절개는 세로 절개와 가로 절개 방법이 있는데 우리 주인님은 가로 절개로 했습니다. 그나마 흉터 표시가 덜

남게 됩니다. 세로 절개로 하면 배꼽 아래로 길게 흉터가 남으니 좋지 않겠죠. 영광의 상처이긴 하지만 여자 몸에 흉터가 남는 건 좋지 않겠죠.

– 유착 : 아무래도 인위적으로 배를 가르고 자궁을 잘랐기 때문에 상처가 아무는 과정에서 서로 유착되는 일도 발생할 수 있습니다. 몸 안의 장기가 유착된다는 것은 그다지 위험한 것은 아니지만 그래도 좋은 것은 아닙니다.

– 둘째 : 다음에 아이를 낳을 때 자연 분만이 어렵다는 점입니다. 예전에는 첫째를 제왕 절개해서 낳으면 둘째는 선택의 여지없이 제왕 절개를 해야만 했는데요, 지금은 조건이 맞으면 둘째는 자연분만으로 할 수 있기는 합니다. 제왕 절개 후 2년 이상, 가로 절개, 질식 분만에 적합한 신체 조건, 응급 제왕 절개술을 할 수 있는 의료 환경 등 까다로운 조건들을 다 갖춰야만 가능합니다. 또 자궁 파열 등 위험 부담이 있기 때문에 대부분 그냥 제왕절개로 둘째를 낳으려고 합니다.

이렇게 엄마들은 잊지 못할 고통 속에서 아이를 낳습니다. 그것만으로도 충분히 존중받고 사랑받을 수 있겠죠?

아이가 태어나기 전에
반드시 기억하세요. 부모 십계명

　대한민국 엄마들의 우상, 오은영 박사님이 2015년 발표한 부모 십계명이 있습니다.

　이건 구구단 외우듯이 그냥 머릿속에서 줄줄이 나와야 하는 내용입니다. 아이가 태어나기 전, 마지막으로 반드시 기억해야 하는 부모 십계명을 소개하겠습니다. 육아를 하다 보면 이 십계명대로 지키기가 정말 어렵습니다. 그래도 마음속으로 계속 곱씹으며 육아를 하면 좋은 부모가 될 수 있지 않을까요?

부모 십계명

1. 아이의 말을 중간에 끊지 마세요.

아이도 하나의 인격체입니다. 자신의 생각을 이야기하고 표현할 자유가 있습니다. 아이의 말을 끊게 되면 부모에게 거절당했다는 생각에 자신감을 잃게 됩니다. 좋은 말이든 나쁜 말이든 무조건 끝까지 들어주어야 합니다.

2. 따뜻한 눈길로 바라봐 주세요.

학습 지도 등은 선생님도 할 수 있고, 다른 사람도 할 수 있습니다. 하지만 진심 어린 사랑 표현은 부모만이 할 수 있습니다. 언제나 따뜻하게 대해주세요.

3. 여러 사람 앞에서 나무라지 마세요.

그 누구라도 망신을 당한 기억은 잊고 싶어 합니다. 여러 사람 앞에서 망신을 주는 행위는 아이의 잘못된 행동을 고치는 데 오히려 방해가 됩니다.

4. 때리지 마세요.

체벌은 부모가 자신의 감정을 다스리지 못해서 하는 겁니다. 부모인데 훈육을 핑계로 매를 들면 아이는 세상이 안전하지 않은 곳이라고 느끼게 됩니다.

5. 지키지 못할 약속은 절대 하지 마세요.

부모의 말이 거짓으로 느껴지면 아이는 부모를 믿지 못하게 됩니다.

6. 아이 일을 대신 해주지 마세요.

스스로 시행착오를 겪으면서 배울 수 있는 기회를 빼앗는 것입니다.

7. 아이에게 하는 사과를 부끄러워 마세요.

아이들이 부모에게 하는 사랑은 절대 사랑입니다. 부모가 사과를 하면 아이들은 쉽게 용서를 해줍니다.

8. 버릇 없이 키우지 마세요.

안 되는 건 안 된다고 딱 잘라서 말해야 합니다. 언성을 높이지 않아도 얼마든지 단호하게 이야기할 수 있습니다.

9. 아이가 '엄마 미워, 아빠 미워.' 하며 화낸다고 속상해하거나 같이 화내지 마세요.

그럼 앞으로 아이는 속마음을 표현하지 않게 됩니다. 아이가 의견을 끝까지 이야기할 수 있게 해주세요.

10. 아빠는 아이와 보내는 시간의 양보다 질에 더 신경 쓰세요.

아이의 눈높이에서 같이 즐기고 놀아주세요. 아이를 이해하고 공감하는 게 가장 중요합니다.

Part
③

육아 전쟁의 시작,
적을 알고 나를 알면
백전백승

도전,
100일의 기적

우리 집에 나 닮은 작은 사람이 왔습니다. 우리 부부 말고 또 다른 생명이 이 집에 있다는 게 신기하고 믿어지지 않을 겁니다. 이제부터는 온전히 부부가 힘을 합쳐 이 아이가 나처럼 성인이 될 때까지 키워야 합니다.

뭐부터 해야 할까요? 때 되면 분유 타 먹이고, 쉬하면 기저귀 갈아줘야 하고, 저녁에 목욕시키고 재우고…. 맞습니다. 우선은 그게 할 일의 대부분입니다.

신생아는 보통 2~3시간에 한 번씩 식사를 하셔야 합니다. 분유만 먹기 때문에 금방 소화가 되겠지요. 처음에는 위가 작아서 먹는 양이 많지 않습니다. 그래서 자주 밥을 먹어야 하지요. 보통 사람들은 낮에만 아침, 점심, 저녁 세 번만 먹으면 되는데 신생아는 24시간 동안 2~3시간에 한 번씩 밥을 먹어야 합니다. 이건 무엇을 의미할까요? 잠을 2~3시간씩만 잔다는 이야기입니다. 그럼 아이만 그렇게 자나요? 아니죠, 때가 되면 분유를 먹여야 하니 부모들도 이렇게 자야 한다는 겁니다. 어휴~ 생각만 해도 피곤합니다. 처음에는 해볼 만합니다. 그런데 하루하루가 지날수록 부모의 수면 부족이 누적이 되다 보니 너무 힘들다고 느껴집니다. 거기에 2~3시간을 자는데 누워서 안 자고 안아서만 잔다면 어떨까요? 아이들은 기본적으로 등센서를 달고 태어납니다. 등에 센서가 있으면 누우면 울고 안아주면 온순해진다는 뜻이지요. 어른들은 등센서가 조리원에서 손을 많이 타서 그렇다고들 하는데요, 아이 둘을 키워본 제가 얻어낸 임상 실험에 의하면 등센서는 기본 옵션으로 달고 나옵니다. 조리원에서 예쁘다고 선생님들이 많이 안아주는 아이는 이 등센서에 '예민' 버튼을 추가로 장착했다고 보시면 됩니다. '우리 아이가 너무 예민해요.'라고 생각하시기 전에 조리원에서 얼마나 손이 탔는지 생각해보시기 바랍니다.

다행히도 수면 교육을 통해서 등센서의 기능을 완화시킬 수 있습니다. 수면 교육은 그 누구의 도움 없이 혼자서 잠을 자는 습관을 들이는 교육입니다. 혹시 '100일의 기적'이라고 들어보셨나요? 아이를 낳아본 엄마들에게는 아주 유명한 말이죠. 아마 출산을 앞두고 이 말을 들어보셨다면 우리 아이가 100일의 기적을 보여주길 기대할 것입니다.

생후 6주~2개월 사이에 시작해야 합니다. 3~4개월 정도면 습관이 되어서 어느 정도 완성이 됩니다. 그래서 100일의 기적이라고 하는 겁니다. 평균 2~3시간에서 5~6시간 이상으로 늘어난다면? 진짜 세상에서 그보다 행복할 수는 없을 겁니다. 5~6시간도 부족한 수면시간인데 오랜만에 그렇게 자고 나면 엄청 개운하다고 느끼실 겁니다.

신생아 때 아빠가 엄마를 도와주는 Tip을 하나 말씀 드릴게요. 모유는 미리 수축해서 냉동 보관 해 놓았다가 중탕으로 데워먹을 수 있습니다. 낮에 엄마가 수축을 해놓고, 밤에 아빠가 두 타임 정도 아기 먹이는 거 도와주면 엄마가 5~6시간을 통으로 잘 수 있어서 좋습니다. 힘드시겠지만 아빠들이 이거 해주셨으면 해요.

유명 포털사이트 지식백과에 나온 통계에 따르면 월령별로 밤에 먹지 않고 통잠을 잘 수 있는 평균 수면 시간은 다음과 같습니다. 이건 의학적으로 그럴 수 있다고 하는 거지 실제로 키워본 사람들은 절대 믿을 수 없는 통계라고 할 것입니다.

2개월 : 약 5시간

3개월 : 약 6시간

4개월 : 약 7시간

5개월 : 약 8시간

6개월 : 약 9시간

7개월 : 약 10시간

8개월 이상 : 약 10~12시간

두 아이를 키워본 경험에 의해 제가 알려드리는 5가지 방법을 통해 100일의 기적을 이루시길 바랍니다.

1. 목표 세우기

뭐든지 전략을 잘 세우면 이길 수 있습니다. 아기마다 타고나는 기질이 다르지만 아직 신생아이기 때문에 많은 육아 선배들과 전문가들이 경험과 의학으로 풀어낸 방법대로 진행하면 성공 확률 90% 이상이라고 생각합니다.

밤에 몇 시부터 재우고, 아침에는 몇 시에 일어날 것인지, 안아서 재울 것인지 아니면 누워서 재울 것인지. 아기 침대에서 재울 것인지 엄마와 아빠 사이에서 재울 것인지 등 철저하게 전략을 세워야 합니다. 전략을 세웠다면 이제 엄마, 아빠의 마인드 셋이 필요합니다. 침대에 눕혀서 우는 아이를 보면 마음이

약해져서 다시 안아주게 되는데요, 이걸 이겨내야 합니다. 독한 마음으로 해야 하니까 꼭 마인드 셋 하여야 합니다.

2. 수면 환경 조성

빛의 조절

색을 구분하지 못하는 아기라 할지라도 낮과 밤에 대한 인식을 가질 수 있게 해줘야 합니다. 낮에는 집에 해가 들어오도록 커튼을 열어야 하고, 저녁이 되면 커튼을 닫아서 밤이라는 분위기를 내야 합니다. 낮에도 밝으면 안 된다고 하루 종일 커튼을 닫아놓으면 수면 패턴 같은 거 꿈도 못 꿉니다. 저녁이 되면 서서히 집 안의 밝기를 줄여서 슬슬 잘 시간이 다가오고 있다는 걸 알게 해줘야 합니다.

정적인 시간 조정

저녁이 되면 활동적인 놀이 등은 그만하고, 음악이나 시끄러운 소리를 없애서 아이의 흥을 서서히 가라앉혀야 합니다. 책을 읽어주거나 동화를 들려준다거나 하면서 정적인 시간을 만들어 줍니다.

잠자리 과정

따뜻한 물로 목욕을 하고 이때부터는 조명도 은은하게 하고 시끄럽지 않게 합니다. 조근조근한 목소리로 이야기를 하고 자장가가 희미하게 흐르게 하여 순서에 맞는 잠자리 과정을 만들어줍니다.

3. 규칙적인 습관

수면 환경 조성 과정을 규칙적으로 매일 진행되어야 합니다. 예를 들어 8시부터는 조용히 하고 조명을 반 정도로 줄이고, 따뜻한 물로 목욕을 하고 로션 바르고 잠옷 입고 분유 먹고 책을 읽어주거나 조근조근 이야기해준다거나 하면서 분위기를 이끌어 서서히 졸리게 만드는 그런 규칙적인 생활 패턴을 만들어주어야 하는 겁니다. 그런 규칙적인 습관을 꾸준히 해야 아기 스스로가 때가 되면 잠을 자야 한다는 걸 알게 됩니다. 다시 한 번 강조하지만 정해놓은 규칙을 매일 같은 시간에 해야 합니다.

※ 주의사항 : 가능하면 아기 침대에서 혼자 자게 만드는 것이 좋습니다. 아이가 습관적으로 엄마의 신체를 만지면서 잠을 자는 버릇이 생기기 시작하면 나중에 분리하기 힘들어집니다. 그래서 수면 교육을 시작할 때 아예 따로 잠을 자는 습관을 갖게 하면 좋습니다. 또 자다가 뒤집고 하다 보면 뒤집는 과정에서 엄마, 아빠랑 부딪히고 그러다 보면 깰 수 있으니 숙면에 방해가 됩니다.

4. 누워서 재우는 습관 들이기

안고 있다가 아이가 잠이 들고 나면 눕히는 것보다 졸려서 눈이 감기고 정신 못 차리는 순간에 서서히 눕히는 것이 좋습니다. 눕히면서 조근조근한 목소리로 엄마, 아빠가 바로 옆에 있다는 걸 느낄 수 있게 조금 지켜봐주면 좋습니다. 만약에 아기가 깨서 울 수 있습니다. 이때는 바로 안아주는 것보다는 잠시

방치를 해서 스스로 자는 방법을 찾을 수 있게 해야 합니다. 자장가를 불러준다든지, 목소리를 살짝 들려준다든지, 엉덩이를 토닥거려준다든지 다양한 방법을 활용해야 합니다. 그래도 그치지 않으면 잠시 안았다가 눈이 감기고 정신 못 차리는 순간에 다시 서서히 눕힙니다. 그렇게 하다 보면 언젠가는 누워서 잘 잡니다.

1~4번의 과정을 잘 진행했는데 여기서 망치는 경우가 생깁니다. 여기서 망치면 수면 교육만 망치는 게 아닙니다. 엄마, 아빠 사이의 관계도 망치게 됩니다.

보통 엄마들은 강하기 때문에 아기가 울더라도 독한 맘으로 이겨냅니다. 하지만 아빠들이 못 버팁니다. 생명체의 아름다운 울음소리를 소음으로 생각하게 되고, 내 새끼 우는 것이 마음 아파서 가만히 보고 있지 못합니다. 그렇지만 참고 이겨내야 합니다. 여기서 아빠가 못 이기고 마음이 아파서 아이를 안아주거나 하면 어렵게 들이고 있던 수면 습관을 다시 원점으로 돌려놓게 되는 겁니다. 그럼 이 악물고 간신히 수면 교육을 하고 있는 엄마의 마음도 무너트리게 됩니다. 엄마 멘탈이 무너지는 순간, 가정의 평화는 깨집니다. 그렇기에 아빠 역시 독하게 마음먹고 이겨내야 합니다. 오은영 박사님이 주는 팁이 있는데요, 휴지를 말아서 귀에 꽂으면 소리가 40% 이하로 들리기 때문에 도움이 좀 된다고 합니다.

5. 될 때까지 하기

가장 중요한 이야기입니다. 3개월 이상 꾸준히 해서 완벽하게 습관을 들여야 합니다. 포기하는 순간 엄마, 아빠의 잠도 포기해야 합니다.

절대 포기하지 말고 힘을 합쳐서 100일의 기적 꼭 이루어내시길 바랍니다!

아기 트림시키기
대작전

아기 트림시키기는 육아의 기초 중에 가장 먼저 배워야 하는 기초입니다. 이건 엄마도 아빠도 말로만 들었지 처음 해보는 거라 서툴지만 꼭 해야 하는 것이기에 배워야 합니다. 밥 먹었으면 지가 알아서 하겠지 생각하시겠지만 이것도 몇 가지 방법이 있습니다.

왜 아기 트림시키기를 해야 할까요? 보통 2가지 이유로 나뉩니다.

첫째, 모유나 분유를 마실 때 입 속으로 공기가 들어가게 됩니다. 이때 들어간 그 공기 때문에 배앓이라는 것을 하게 되는데요, 아이의 장이 공기에 적응이 안 되어 있기에 불편함을 느낍니다.

처음 겪는 배 속의 이상한 느낌 때문에 아기는 울게 됩니다. 배고플 때마다 더 심하게 웁니다. 처음 겪는 엄마, 아빠들은 자지러지게 우는 아기를 보면서 어쩔 줄 몰라 발만 동동 굴립니다.

둘째, 아직 식도와 위가 이어지는 곳의 근육이 발달하지 못한 신생아는 음식을 역류하는 경우가 많습니다. 누워서 생활을 하는 아기이기에 소화가 안 되어 있는 상태로 누워 있다가 역류하게 되면 기도가 막혀 사망하는 일이 생기기도 합니다. 만약에 분유를 잘 먹다가도 답답해 보이거나 빨지 않고 있으면 트림을 시키고 다시 먹이셔야 합니다.

아주 기본적인 자세인데, 아이를 안아서 등을 토닥거리는 방법입니다.

  - 높이 : 아이의 고개나 팔이 안고 있는 사람의 어깨에 자연스럽게 올리거나 기댈 수 있는 높이로 안아주시면 좋습니다. 아직 목에 힘이 없는 아이는 엄마나 아빠의 어깨에 자연스럽게 기대어 있게 됩니다.

  - 속도 : 목의 아랫 부분과 이어지는 등부터 엉덩이까지 약 1초 만에 닿을 듯한 속도로 토닥거려주면 좋습니다.

  강도 : 너무 세게 때린다거나 건드리게 되면 골이 흔들리게 돼서 좋지 않습니다.

Tip. 트림시키려고 토닥토닥 하다가 어깨에 게워낼 수 있습니다. 이때는 분유 먹일 때 사용했던 가제손수건을 어깨에 걸쳐놓고 하면 좀 낫겠죠?

아기 트림시키기 대작전 2

무릎 위에 살짝 엎드리게 해서 트림시키는 방법입니다. 이건 까딱 잘못하면 역류할 수 있습니다. 스킬이 필요합니다. 완전히 엎드리는 게 아니고 서서 약간 숙이는 듯한 자세로 엎드려서 1번과 비슷한 토닥토닥 권법으로 등을 두드려줍니다. 이 방법은 일반적인 자세가 먹히지 않을 때 쓰긴 하는데, 잘 안 먹힐 때가 종종 있습니다.

아기 트림시키기 대작전 3

요건 아기 보는 게 익숙해졌을 때 식당이나 외부 의자에 앉아서 아기를 볼 때 쓰는 방법입니다. 허벅지 위에 바로 앉게 하고 자연스레 한 손은 아기의 배 부분을 안정되게 안아주고 토닥토닥 권법으로 트림을 시킵니다.

분유를 먹다가 잠이 들었을 때, 어떻게 해야 할까요? 물론 트림을 시키면 아이도 속이 편하고 엄마, 아빠가 걱정을 덜 하게 되죠. 어쩔 수 없이 눕혀 재워야 한다면 꼭 옆으로 눕혀서 재워 주시기 바랍니다. 바로 누워서 자다가 역류하게 되면 기도가 막힐 수 있습니다. 옆으로 자다가 역류하면 입으로 이물질이 새어 나와 기도가 막힐 일은 없습니다. 아기가 자연스럽게 바로 누우려 할 수 있으니 배개나 수건을 말아서 등 뒤에 받쳐주면 바로 눕는 것은 방지할 수 있습니다.

아기 트림시키기 대작전 Q&A

Q. 트림시키기 언제까지?

아이가 스스로 앉아서 소화를 시킬 수 있는 5~6개월 이상 때까지는 엄마, 아빠가 트림을 시켜야 합니다.

Q. 공기가 안 들어가게 하는 방법은 없나요?

공기가 들어가서 배앓이를 한다고 하는데, 그럼 공기를 안 들어가게 하거나 최소로 들어가게 해야 합니다. 요즘에는 공기를 차단하는 젖병도 나와 있습니다. 그런 젖병을 구매해서 먹이면 도움이 됩니다.

아이가 세상에 태어난 순간부터 모든 책임은 엄마, 아빠한테 있습니다. 육아의 첫 단추부터 잘 끼워야 한다는 생각입니다.

아이가 아플 때
아빠는 어떻게 해야 할까요?

엄마도 엄마가 처음이고, 아빠도 아빠가 처음입니다.

육아에 있어서 기본적으로 인식하고 있어야 하는 말입니다.

아이가 아프면 정말 애가 탑니다. 아이가 엄마 배 속에서 나와 험한 세상을 이겨내기 위해 거쳐야 하는 과정입니다. 처음 겪는 이상한 컨디션을 아기는 너무 힘들고 무서워서 자지러지게 웁니다. 갓난아기가 고열이 나면 해열제, 응급실 등 온갖 생각과 방법을 다 동원하여 안정을 찾도록 도와주게 됩니다. 안정을 찾고 겨우 잠든 아이의 모습을 밤새 지켜보고 있는 게 바로 엄마, 아빠의 모습입니다.

신생아 때 아이가 아파서 우는 경우는 외상이 아닌 이상 바이러스로 생긴 장염이나 배앓이 하는 경우입니다. 물론 다른 이유도 있지만 제일 많이 겪는 게 이 2가지입니다. 장염이 생기면 가장 먼저 오는 증상이 고열입니다. 어른들이야 그냥 약 먹고 주사 맞고 한숨 자면 된다고 치지만, 아이들이 고열이 나서 아프면 엄마들은 정말 애가 탑니다.

주변에 겪어본 사람한테 들은 얘기, 인터넷이나 책으로 봤던 지식들을 총동원하고, 가장 빠르게 물어볼 수 있는 친정엄마나 시어머니한테 전화하게 됩니다.

처음 겪는 상황에 침착하게 대처하는 사람은 거의 없을 겁니다. 둘째 때는 한 번 겪어봤기에 집에 비상약도 준비되어 있고 어느 정도 처리 과정을 알기에 좀 나은데요, 아이가 아플 때 애가 타는 건 똑같습니다.

이때 남편의 역할이 참 중요합니다. 아이가 아파서 애가 타는데 보이는 남편의 유형은 여러 가지입니다.

1. 정말 아무것도 모르고 할 줄도 몰라서 가만히 있는 사람

2. 인간관계가 좋아서 바로 여기저기 전화해서 도움을 청하는 사람

3. "대체 뭘 먹였길래 애가 이러냐?" 다짜고짜 엄마한테 뭐라 하는 사람

4. 지는 아무것도 안 하면서 엄마한테 "어떻게 좀 해봐~" 하는 사람

5. 어디서 주워들은 건 많아서 '이렇게 해! 저렇게 해!'라고 말만 하는 사람

6. 침착하게 처리하는 사람 : 이건 의료 관계자가 아니고서야 쉽지 않겠죠.

다양한 남편의 유형이 있습니다. 아이가 아프면 먼저 나서서 짐도 좀 챙기고, 응급실에 전화도 좀 하고, 부모님께 연락해서

조언도 구하고, 차에 시동도 걸어놓고, 병원까지 에스코트해서 일처리하고….

이러면 참 좋겠죠? 하지만 아빠도 아빠가 처음이라서 그렇게 못 합니다. 그럼 어떻게 해야 할까요?

아이가 아프면 엄마도 아빠도 애가 타는 건 똑같습니다. 다만 엄마는 일반적으로 아빠보다 독해질 수 있거든요. 엄밀히 말하면 독한 척하는 거지만요. 속이 찢어지고 눈물이 나도 엄마기 때문에 버티는 겁니다. 그럼 여기서 아빠가 해야 할 일은 무엇일까요? 그냥 엄마가 온전히 아이한테만 집중할 수 있게 옆에서 든든한 버팀목이 되어주어야 합니다.

일단 말부터 조심해야 합니다.

"너 애가 아프도록 뭐 했어? 얘 왜 이래?"

절대 그런 말 하면 안 됩니다. 엄마 입장에서는 아이 돌보느라 그런 말이 귀에 들어오지도 않겠지만, 나중에 문득 생각이 납니다. 엄청 서운할 거예요. 물론 요즘 시대가 변해서 이런 말 하는 남자는 거의 없을 거라 생각합니다.

"괜찮아질 거야, 내가 해열제 좀 먹이고 안고 있을 테니 자긴 좀 쉬고 있어."

이렇게 다독여주고 따뜻하게 해주는 말 한마디에 엄마는 힘을 더 낼 수 있습니다. 내가 지쳐도 받쳐줄 든든한 동반자가 옆에 있음을 느끼거든요.

만약에 정말 아무것도 할 줄 모른다면 옆에서 시키는 것이라도 잘해주면 됩니다. 엄마의 자잘한 심부름까지 도맡아서 해주면 됩니다. 그렇게 몸과 마음이 지쳐버린 엄마 옆에서 꼭 붙들고 지켜주는 게 아빠의 몫이 아닐까 싶습니다.

저희 아이들은 첫째와 둘째 모두 일주일 이상 병원에 입원했던 적도 있습니다. 주간에는 엄마가 병원에 있고, 야간에는 제가 병원에 있었습니다. 낮에는 출근을 해야 하니까요. 엄마와 아빠는 피가 섞이지 않았지만 절대 남이 아닙니다. 절대 함께 해야 합니다.

가족 계획을 하는 순간, 엄마 배 속에 아이가 생기면서부터 공동육아는 시작입니다.

이번에는 아빠의 입장에서 얘기해보겠습니다.

엄마에 비해서 아빠는 단순합니다. 진짜 애가 타고 속상한건 똑같습니다. 간혹 이기적인 성격의 남자들은 안 그런다 치지만 보통의 아빠들은 정말 어쩔 줄 몰라서 못 하는 경우가 많습니다. 이럴 때는 서운해하거나 뭐라 하지 마시고 차라리 "이거 해줘 저거 해줘." 시켜주세요. 그럼 어설프게나마 다 합니다. 남자는 내 가정 지키려고 무지하게 노력합니다. 잘못해도 고생했다 고맙다 한마디만 해주면 담에는 더 잘합니다. 칭찬이 약입니다. ⌃⌃

아이 둘을 어느 정도 다 키워놓고 나니 이런 생각이 들었습니다. 다시 결혼 전이나 신혼으로 돌아가서 가족 계획을 하게 된다면, 공동육아에 대한 부분들을 아내와 충분히 이야기를 해서 역할 분담도 하고 앞으로 다가올 일들에 대해서 어느 정도 준비를 할 수 있을 것 같습니다.

임신하면 남편이 설거지, 빨래, 청소 담당하고, 일주일에 3일은 외식도 하고, 저녁 먹으면 30분씩 산책하고, 아이가 태어나면 기저귀는 아빠 담당, 분유는 엄마 담당, 밤에 분유 먹이는 건 아빠 담당. 뭐 이런 식으로 말이죠. ^^

자다가 우는 아이
왜 그럴까?

아이를 키우다 보면 흔히 있는 일 중에 하나가 자다가 아이가 미친 듯이 우는 경우입니다. 이건 수면 교육과는 다르게 잘 자던 중에 갑자기 우는 거라서 정말 난감합니다. 말 못 하는 아이부터 의사표현을 할 줄 아는 다섯 살짜리도 우느라 대화 자체가 안 됩니다. 정말 육아는 잠과의 전쟁이라고 해도 과언이 아닙니다. 신생아 때는 2~3시간마다 밥을 먹여야 하기에 그렇다 치지만 통잠을 자기 시작한 이후에도 가끔씩 자다가 깨서 세상 떠

나가라 웁니다. 그러면 잠도 못 자고 이유도 모르겠고 부모 입장에서는 아주 미치고 팔짝 뛸 노릇입니다. 자다가 우는 경우는 신생아 때만 있는 것이 아닙니다. 다섯 살이 되어도 다양한 이유로 아이들이 밤에 많이 웁니다. 몇 날 며칠 매일 밤마다 자다가 우는 일도 있는데 이럴 때는 정말 미칩니다. 분명 말을 하는 아이인데 아무리 물어봐도 소용없고 달래봐도 소용이 없습니다. 그냥 세상 떠나가라고 웁니다. 아이 키우는 집은 어쩔 수 없는 일입니다. 이번에는 자다가 우는 아이들의 경우에 대해서 알아보겠습니다.

자다가 우는 아이, 신생아

신생아 때는 주로 환경 탓이 큽니다.

1. 배가 고파서 웁니다. 그때는 바로 모유수유를 하거나 분유를 먹이면 됩니다. 안아주고 달래도 소용없습니다. 졸려 죽겠는데 배는 고프고 완전 짜증이 많이 나 있는 상태입니다. 입에 물려주면 딱 그치고 미친 듯이 빨아서 먹습니다. 온 힘을 다해 먹겠다

고 하는데 충분하게 양이 안 나오거나 하면 또 짜증을 냅니다.

2. 잠자리 환경이 불편해서 웁니다. 시끄럽다거나 불빛이 너무 환하거나, 덥거나, 춥거나, 건조하거나 다양한 환경이 불편하게 만듭니다. 수면에 방해를 주지 않는 환경을 만들어줘야 합니다.

3. 배앓이 하면 진짜 온 식구가 긴장입니다. 이때는 배고프다고 우는 것에 비해 몇 배는 크게 울어댑니다. 배가 아프거든요. 엄마 배 속에 있다가 나와서 외부 음식에 적응하는 기간입니다. 배앓이는 모유보다는 분유가 맞지 않은 아이들에게서 주로 나타납니다. 분유를 바꿔가며 아이의 장에 맞는 분유를 찾아야 합니다.

4. 선천적으로 예민한 기질을 타고난 아이들은 쉬만 해도 웁니다. 나도 모르게 한 쉬가 몸에 닿는 게 짜증이 나나 봅니다. 저희 둘째가 쉬만 하면 울어서 기저귀 엄청 갈아주었습니다. 분명 easy형 기질을 갖고 있는데 신생아 때는 쉬 한 번만 해도 울었습니다. 기저귀를 한 번 사면 금방 떨어져서 또 구매를 해야 했던 시절이었습니다.

자다가 우는 아이, 6개월부터~

이때부터는 신체의 변화 때문에 우는 경우가 많습니다.

1. 치통으로 우는 경우가 있습니다. 이빨이 하나씩 잇몸을 뚫고 자라는 시기입니다. 말만 들어도 거슬리고 짜증나겠죠? 이거는 꼭 거쳐야 하는 단계이니 시원한 치발기를 물려주고 다시 재운다든지 해야 합니다.

2. 성장통 때문에 우는 경우가 있습니다. 아이들은 잘 때 성장한다고 하잖아요. 갑자기 몸에 변화가 생기니 이상한 기분이 들고 신경을 계속 건드리게 됩니다. 그게 짜증 나서 웁니다.

3. 낮에 너무 많이 놀면 밤에 쑤셔서 웁니다. 다리에 쥐가 나는 경우도 있고, 근육통이나 관절통이 생길 수 있습니다. 아무리 신난다 하더라도 적당히 놀게 해야 합니다.

4. 낮에 일어난 일 등 아이가 느끼는 스트레스로 인해 무서운 꿈을 꾸는 경우도 있습니다. 주로 2~4세 사이에 많이 생기는데요, 어른들이 회사에서 받은 안 좋은 일이 꿈에 나타나듯이 아

이들도 안 좋은 기억이 꿈에서 나타날 수 있습니다. 이때는 발바닥을 때려서 꿈에서 깨우고 현실이 아니라는 것을 인지시켜주는 방법을 쓰면 좋습니다. 그런데 저는 이 방법보다는 아이들을 품에 안아주면서 안정을 찾게 해주는 방법을 쓰고 있습니다. 아빠 냄새, 아빠가 안아줘서 느끼는 편안함 등이 전달이 되는지 깨우는 것보다 좀 더 빠르게 안정을 찾더라고요.

※ 주의사항 : 시끄럽게 운다고 본인이 피곤하다고 아이를 다그치거나 혼내지 마세요. 우는 데는 다 이유가 있습니다. 발바닥을 때려서 꿈에서 깨어 나오는 방법을 하기 싫다면 어르고 달래고 그칠 때까지 기다려주세요. 밤에 본인이 운 사실을 아침에 일어나서 기억을 못 하는 경우가 많습니다. 아이니까 충분히 그럴 수 있으니 좀 피곤해도 달래주고 기다려주세요.

자다가 우는 아이, 야경증, 야제증~

야경증은 유아 수면 장애의 일종으로 만 6세 이하에 흔히 생기는 증상입니다. 잠든 지 얼마 안되는 시간에 깨서 공황장애같은 증상을 보입니다. 몽유병이나 야노증 같은 증상이 생기기도 합니다.

야제증은 낮에 멀쩡했다가도 밤만 되면 깊은 숙면을 취하지 못하고 불안해하면서 우는 증상입니다.

이 두 가지 증상은 정확히 밝혀진 원인은 없지만 스트레스 등 다양한 환경으로 유발된다고 합니다.

아이들은 밤 10시에서 새벽 2시 사이에 가장 많은 성장을 한다고 합니다. 아이들의 건강한 성장을 위해 항상 아이들이 스트레스 받지 않게 신경 써주고 올바른 환경 조성으로 안정된 수면을 할 수 있게 도와주세요!

(14)

기저귀를 떼는 순간부터
엄마의 가방은 가벼워집니다

아기 키우는 집이라면 공감하는 것이 있습니다. 바로 외출 가방이 무겁다는 건데요, 아기 한 명 때문에 가지고 다녀야 하는 짐이 참 많습니다. 기저귀, 물티슈, 분유, 온수 등. 이게 별거 아닌 것 같아 보여도 책가방 백팩 하나 정도는 우습게 채우는 양입니다. 그래서 기저귀 가방도 많이 나옵니다.

아이가 배변 훈련을 통해서 기저귀를 떼는 순간부터 엄마의 가방은 가벼워집니다. 이 배변 훈련이 많은 엄마, 아빠들이 힘들어하고 궁금해하는 부분 중에 하나인데요, 딸 둘을 배변 훈련을 시킨 육아 선배로서 방법을 좀 공유드리겠습니다.

우선 배변 훈련을 세 글자로 줄여서 말씀드리자면 '기다림'입니다. 절대로 조급해하실 필요는 없습니다. 본인 스스로 느끼고 알아가는 것이기 때문에 절대로 걱정 안 하셔도 됩니다. 아이도 사람입니다.

본인도 얼마나 기저귀가 벗고 싶을까요? 여름에는 덥고 찝찝하고 걸을 때도 불편합니다. 그렇기에 스스로가 어느 순간부터는 안 입는다고 할 것이고, 스스로 가릴 것입니다.

보통 배변 훈련을 하는 시기는 두 돌 즈음부터 많이 시도합니다. 가정환경에 따라서 조금 빠른 경우도 있지만, 대부분 두 돌이 지나면 어린이집 같은 곳에 보내거든요. 처음에는 기저귀를 차고 어린이집에 가지만 자연스럽게 환경에 따라서 뗄 수 있습니다.

우선 아기 변기가 필요합니다. 한창 호기심이 많을 때이고 응가, 쉬가 더럽다는 사실을 인지하기 시작하기에 변기에 앉아서 쉬를 누게 해보면서 시작하게 됩니다. 여러 차례에 걸쳐 변기에 배변을 하면서 익숙해질 때까지 충분한 시간을 줍니다. 이때 가장 중요한 건 칭찬입니다. 변기에 대소변을 볼 때마다 아끼지 말고 칭찬을 듬뿍 해주세요.

배변 훈련 할 때 저희 부부가 도움을 받았던 것은 바로 노래였습니다. 저희 집은 아기가 태어난 순간부터 거의 쉬지 않고 노래를 들려주었는데요, 동요부터 가요까지 장르를 가리지 않고 들려주었습니다. '핑크퐁', '뽀로로' 등 수많은 미디어에서 응가와 쉬아 관련한 콘텐츠가 잘 나옵니다. 노래를 통해서 배변을 어떻게 하는지 스스로가 알고 있으면 도움이 됩니다. 관련 동화책도 많이 읽어주면 도움이 됩니다.

낮에는 이렇게 훈련은 시켜도 밤에는 기저귀를 채워서 재웁니다. 자다가는 어떻게 할 수 없잖아요. 엄마도 힘들고 아이도 짜증 나기 때문입니다. 근데 아이가 자랄수록 쉬의 양도 많아집니다. 그럼 자다가 기저귀에 쉬를 하면 본인도 느껴지고 찝찝한지 깨거나 웁니다. 그럴 때는 기저귀를 갈아주면 됩니다.

이제 슬슬 낮 시간에 팬티를 한 번씩 입혀보기 시작합니다. 그리고 "쉬 마려우면 변기에 하면 돼.", "응." 이 정도 나이면 서로 대화가 되기 때문에 충분히 이야기할 수 있습니다. 그럼 어느 정도는 가리려고 하는데 급하거나 노는 데 빠지다 보면 본인도 모르게 쉬를 하는 경우가 있습니다. 그럴 때는 절대 야단치지 마시고 "쉬 마려우면 변기에다 해야 해요." 이야기를 해줍니다. 만약에 이때 야단을 쳐버리면 쉬하는 것 자체가 혼나는 일인 줄 알고 쉬가 마려워도 말도 못 하고 참고 있다가 또 실수를 하게 됩니다. 절대적으로 혼내지 말고 기다려야 합니다.

어느 순간부터 팬티가 편하다는 것을 알기에 잘 때 기저귀를 입지 않으려고 합니다. 그럼 강제로 기저귀 입히려 하지 마세요. 이때부터는 방수 패드를 아이가 자는 요 위에 깔아줍니다. 실수를 하더라도 이불은 젖지 않기에 패드만 바꾸면 되거든요. 방수 패드는 여유 있게 준비해두시면 좋습니다.

자기 전에 물을 많이 마시면 자다가 쉬 마렵다는 걸 알려주면서 물을 덜 먹게 합니다. 그리고 이때는 부모의 꾸준한 노력이 필요합니다. 9~10시에 잠을 잔다고 하면 12~1시에 자는 아이를 안고 변기에 앉혀서 쉬를 누게 합니다. 처음에는 자는 거 깨웠다고 짜증을 내는데, 안고 달래면서 변기에 앉혀서 '쉬~' 하면 잠결에 쉬를 합니다. 그리고 다시 잠자리에 누이면 아침까지 문제없이 숙면을 취합니다.

부모가 좀 피곤하겠지만 이런 생활을 2~3개월 정도 해주면 밤새 쉬 안 합니다. 새벽에도 쉬 마렵더라도 일어나서 화장실 가거나 짜증을 냅니다. 그건 쉬 마렵다는 표시니까 변기에 앉혀주면 됩니다. 자다가 규칙적으로 쉬를 누게 하는 것, 그것이 제일 중요해요!!

저희 부부는 이렇게 해서 딸 둘을 배변 훈련 시켰습니다. 크게 이불에 실수한 적 없이 지나갔습니다. 배변 훈련은 정해진 시기가 없습니다. 꼭 해야만 하는 시기가 있는 것도 아니고요. 본인이 스스로 가리고 싶으면 가립니다. 빨리 가리기 원하는 건 부모가 편하려고 하는 욕심입니다.

절대 아이를 다그쳐서 스트레스를 주지 말아야 합니다. 쉬하고 응가하는 건 당연한 자연현상입니다. 변기가 익숙해지도록 도와주고 변기 옆에 아이가 좋아하는 캐릭터의 스티커도 붙여주세요. 일을 다 보고 화장실로 변기통 비우러 갈 때도 '응가야 잘 가.' 하고 놀아주는 것도 좋습니다.

어린이집에서도 훈련을 하고 있다면 훈련 패턴이나 환경, 방법 등을 일치시켜야 합니다. 일관성 있는 교육이 정말 중요합니다. 또한 변비가 생기면 규칙적인 배변 훈련에 방해를 주니 고기, 야채 가리지 않고 골고루 먹게 해줘야 합니다.

아이는 따라 하기 선수입니다. 엄마와 아빠, 형이나 언니가 하는 걸 보고 그대로 따라 합니다. 따라서 동성의 어른이나 형제자매가 있다면 둘째는 금방 따라 합니다.

마지막으로 정리를 해보면 배변 훈련의 중요한 3요소.

첫째, 기다림

둘째, 아낌없는 칭찬

셋째, 부모의 꾸준한 노력!

이 3가지만 있으면 큰 문제없이 성장해가는 아이의 모습을
볼 수 있을 거예요!

손가락을
맛있게 빠는 아이

저는 지하철로 왕복 4시간을 출퇴근합니다. 처음에는 지루하고 너무 힘들었는데 지금은 그 4시간이 너무 소중한 시간이 되었습니다. 지하철에서 아이들과의 추억을 글로 남길 수 있으니까요. 블로그에 글을 쓰면서 아이들 사진첩을 자주 열어보게 됩니다. 초음파부터 최근 모습까지 아이들의 성장해가는 모습을 보고 있으면 흐뭇하기도 하고 눈물이 나기도 합니다.

첫째 아이 사진첩을 보다 보면 눈에 띄는 모습이 하나 있습니다. 바로 손가락을 빠는 모습인데요, 이 녀석은 신기하게도 엄지가 아닌 검지와 중지를 빨았습니다.

보통 5~6개월까지 손 빠는 아기는 본능에 충실한 행동입니다. 한창 이빨도 나오는 시기이기도 해서 구강용품들을 손에 늘 쥐고 사는 시기입니다. 그렇지만 그 이후에 손가락을 맛있게 빠는 아이는 습관이라고 보시면 됩니다.

보통 손 빠는 아기를 보면 바로 "손!"이라고 외칩니다. 그럼 아이는 당황해서 어쩔 줄 몰라 합니다. 이건 단순히 손가락을 안 빤다는 문제가 아닌 것 같습니다.

손가락을 빠는 건 아이들 성장의 정상적인 행동입니다. 야단 맞을 행동은 아닙니다. 영구치가 나기 전에 그칠 수 있다면 의학적으로나 심리적으로 문제가 없다고 하는 게 백과사전에 나와 있습니다.

6개월 이후 손가락을 빠는 것은 손이 친구이기 때문입니다.

심심한 경우 무료함을 달래거나 혹시라도 스트레스가 생기면 손가락을 빨면서 위안을 얻습니다. 그럼 이 경우 어떻게 하면 좋을까요?

놀 거리를 많이 만들어줍니다. 재밌는 일이 많고 이것저것 갖고 놀게 많으면 손가락 빨 여유도 없습니다. 나도 모르게 손이 입에 들어가는 아이를 그냥 장난감만 던져주고 지켜보라는 게 아닙니다. 손가락을 많이 빨면 손에 염증도 생길 수 있고, 각종 병균이 입에 들어가게 되고 놀림을 받을 수도 있죠. 이럴 때는 슬슬 방해공작을 통해서 손가락 빠는 것을 방지해줘야 합니다.

어른들이 보기에 아이가 조금만 신경을 쓰면 손가락 빨기가 방지된다고 생각할 수 있을 텐데요, 그게 그렇게 쉽지만은 않습니다. 야단을 치거나 강제로 못 빨게 하는 방법도 현명한 방법은 아닙니다. 간혹 손가락에 쓴 약을 바르거나 붕대를 감기도 하고, 손을 어디에 묶기도 하는데 오히려 아이에게 상처만 줄 뿐 역효과가 날 수도 있습니다.

심하게 빨아서 염증이 나거나 물집이 생기는 것이 아니면 모른척 넘어갑니다. 다만 빨지 않는 모습을 발견했을 때 극찬을 아끼지 않아야 합니다. 과자를 주는 것 같은 보상도 있으면 좋습니다. 아이는 그냥 가만히 있었는데 갑자기 칭찬도 받고 간식도 먹는 것이 황당하면서도 싫지는 않을 것입니다. 당연히 자연스레 손가락을 안 빠는게 좋은 일이라는 것을 깨닫습니다.

저는 아이 주변에 놀 거리가 끊기지 않게 했습니다. 낮에는 엄마가, 저녁에는 퇴근하고 들어온 제가 아이와 쉬지 않고 놀아줬습니다. 손뼉도 치고 노래도 같이 부르고 그렇게 놀이에 빠져서 손가락을 입에 넣을 생각조차 못 하게 했습니다.

보조 도구를 활용하는 방법도 있습니다. 보통 실리콘으로 만들어져 엄지에 꽂는 게 있습니다. 대부분의 아이들이 손가락을 빨 때는 엄지를 빨거든요. 이걸 잘 활용하면 좋습니다.

저희 아이는 6개월이 지나서 검지와 중지를 주로 빨았습니다. 당시만 해도 국내에 검지와 중지를 보호하는 장갑 같은 것은 없었습니다. 우연히 주인님께서 폭풍서치를 하다가 아마존에서 발견하여 해외직구를 했습니다. 요거 아주 기가 막혔습니다. 딱 우리 아이가 빠는 손가락만 덮어줍니다. 또 색도 알록달록 예뻐서 아이가 오히려 좋아했습니다. 패션처럼 생각하고 끼고 다니더라고요. 끼고 있다가 자신도 모르게 입에 손이 가면 그냥 내리게 됩니다. 처음에는 짜증 내는 것 같더니 금세 수긍을 합니다. 이거 본을 따서 한국에서 만들어서 팔아볼까도 곰곰이 생각해보았습니다.

이렇게 해서 손가락을 아주 맛있게 빨던 우리 첫째의 해프닝은 끝이 났습니다. 그게 엊그제 같은데 벌써 일곱 살 꼬마 숙녀가 되었습니다. ^^

부모는
최고의
선생님

육아의
목적

육아 동지 여러분, '육아의 목적'이 뭐라고 생각하세요? 여러분이 하고 계시거나 앞으로 하려는 육아의 최종 목표는 무엇인가요? 아마 아이 키우면서 단 한 번도 이런 질문을 받아보거나 생각을 진지하게 해본 적은 없을 겁니다.

우리 아이들이 올해 일곱 살과 다섯 살인데 이 녀석들을 키우면서 뒤늦게 깨달음을 얻은 것을 육아 동지들과 나누는 요즘 생각이 참 많습니다. 몸도 마음도 힘들고 지쳐가면서까지 왜 이렇게 육아를 하고 있는 걸까요?

엄마, 아빠니까

건강하게 자라게 하려고

낳았으니까 책임감에 그래야 하기에

우리 아이는 나 아니면 안 되니까

아이가 태어나서 누워 있기 – 뒤집기 – 일어서기 – 걷기 이런 순서를 거치는 건 육체적 성장입니다. 이때 우리 아이에게 필요한 교육은 스스로 엄마 젖 먹기, 젖병 빨아먹기, 이유식 입으로 삼겨서 먹기 등입니다. 이건 본능적인 거니까 그냥 하면 됩니다.

2~3세가 되면 아이들 스스로가 자립심이 생기고 생각을 하게 되고 사물을 활용하고 엄마와 아빠, 그리고 친구들과 어울리기 시작합니다. 어린이집에 가면서 사회생활도 시작합니다.

이때 꼭 해야 하는 것이 인성 교육이라고 생각합니다. 성선

설 (性善說), 누구나 착한 인성을 가지고 태어납니다. 성악설(性惡說), 악함도 함께 가지고 태어납니다. 사람이 살면서 겪고 생각하고 알아야 할 것이 참 많습니다. 지켜야 할 것도 많고, 해도 되는 일과 해서는 안 되는 일 등 더불어 살아가는 방법을 알려 줘야 합니다.

인성 교육은 부모가 평소에 하나씩 알려주면 되는데 이때 책을 많이 활용합니다. 인성 교육에 괜찮은 책을 추천하자면 『추피의 생활이야기』라는 책과 『공룡대발이 생활동화』가 있습니다. 『추피의 생활이야기』는 육아맘 사이에서 워낙 유명한 책입니다. 해외 작가의 작품을 한국어로 번역을 해 놓은 건데 일상생활에서 일어나는 다양한 일들을 배울 수 있습니다. 하지만 저는 『공룡대발이 생활동화』를 추천합니다. 『공룡대발이 생활동화』는 한국 작가님이 한국 정서 100%로 썼기 때문에 진짜 저도 깜짝 놀랄 정도로 공감이 되는 내용입니다. 나의 어릴 적 있었던 일들이 그대로 동화에 들어가 있다는 것이 너무 신기하고 좋았습니다. 그래서 저는 추피보다는 공룡대발이를 조금 더 추천합니다.

"올바르게 성장시켜 독립시키자."

이것이 저의 '육아의 목적'입니다. 태어나서 고등학교 졸업 때까지 20년, 대학교부터 결혼할 때까지 오랜 시간을 함께하지만 언젠가는 부모의 품을 떠나 독립을 하게 됩니다. 그때 세상에 나가서 잘 살게 하기 위해서는 열심히 육아를 하고 교육을 해서 올바르게 성장시켜야겠지요.

평생 공부하고 그 배움을 자식에게 나눠주는 게 육아, 부모의 의무라고 생각을 합니다.

아이들이 학교에 들어가면 수업 내용을 먼저 배워서 지도를 해야 하고, 성인이 되면 살면서 배워온 삶의 지혜를 나눠줘야 합니다. 부모에서 할머니, 할아버지가 되면 반대로 손주들로부터 순수함을 배우게 됩니다. 배움과 나눔의 연속이지요.

저 역시 아이들을 키우면서 많은 것을 배우고 있습니다.

육아 동지 여러분, 여러분의 육아의 목적은 무엇인가요? 한 번쯤 생각해보면 좋겠습니다.

마음이 건강한 아이로
자라면 좋겠습니다

어느 부모나 마찬가지로 마음이 건강한 아이로 키우고 싶을 겁니다. 아이의 마음이 건강하려면 어떻게 해야 할까요?

아이와 대화가 필요해

우리 육아 동지들에게는 우상 같은 분이죠. 오은영 박사님이 방송에서 금쪽이에게 처방을 해주시는 내용을 보면 공통적인 내용이 있습니다. 한약방에 감초, 정형외과로 치면 소염제, 진통제, 소화제처럼 꼭 들어가는 것이 있습니다. 바로 아이의 입장을 들어봐야 한다는 말입니다. 아이의 모든 행동에는 이유가 있습니다. 즐거운 것도 이유가 있을 것이고, 화가 나거나 우는데도 이유가 있을 겁니다. 울고 떼쓰고 짜증 내는 게 아무리 힘들어도 참고 기다리고 이야기로 아이의 마음을 먼저 헤아려주는 것이 필요합니다. 물론 아이가 말하지 못할 때는 방법이 없습니다. 눈치껏 알아내야 합니다. 하지만 말을 할 줄 알고 본인의 의사표현을 하는 나이가 되면 첫 번째는 참고 기다려주고, 두 번째는 이야기를 들어주고 공감을 꼭 해줘야 합니다. 그 이후에 이렇게 해서 이랬다고 설명을 꼭 해줘야 합니다.

훈육이란 옳고 그름을 가르치는 것, 그리고 인간의 도리를 가르치는 것입니다

그런데 저도 그렇고 많은 부모들이 훈육이라 여기고 혼내는 경우가 많이 있습니다. 요즘 저희 집에도 일곱 살이 된 첫째가

자기주장이 강해지면서 훈육을 가장하여 혼을 내는 일이 많아졌는데요, 그럴 때마다 참 맘도 아프고 내가 왜 그럴까 후회도 많이 합니다. 아이의 흥분을 가라앉히기 위해서 무서운 분위기를 조성한 적도 있었습니다. 물론 그 전에 차분히 설명을 하고 이해시키려 했으나 너무 즐거웠던 저녁시간이 아이의 흥을 최고로 올려놓았고, 잠잘 시간이 되었는데도 좀처럼 흥이 가라앉지 않아서 최후의 방법으로 매를 드는 시늉을 하면서 무서운 분위기를 조성하였던 적도 있습니다.

사실 이 방법은 옳지 못하다는 것을 알면서도 퇴근하고 2시간을 지하철 타고 집에 온 상태라 내가 빨리 쉬고 싶은 마음에 그랬던 것 같습니다. 아이가 흥분을 하고 놀고 싶어 하는 것은 부모들의 책임이 있습니다. 그저께는 엄마와 싸워서 분위기가 안 좋았는데 어제는 엄마랑 같이 그림도 그리고 엄청 즐거운 시간을 보냈거든요. 그러니까 엄마랑 그림 그리기를 더 하고 싶어서 늦게까지 놀려고 했던 겁니다. 엄마랑 오랜만에 즐거웠던 시간이 행복해서 그랬던 건데 저는 그걸 무서운 환경으로 가라앉히려 했으니… 참 못된 아빠죠?

부모는 아이의 거울입니다. 배 속에서부터 엄마, 아빠의 대화를 듣고 자랐습니다. 부부 사이에 따뜻하고 화목한 대화가 마음이 건강한 아이로 자라게 합니다.

출산 후에 부부싸움이 더 잦다는 통계가 있습니다. 아이가 생겨서 행복해야 하는데 왜 그러는 걸까요? 마음의 여유가 없어지고 불안해지기 때문입니다. 특히 첫아이를 낳았다면 키우는 것에 대한 심리적인 부담이 따르게 되며 온통 아이에게만 신경을 쓰게 됩니다. 예민해지면서 배우자의 행동 하나하나가 신경이 쓰이기도 합니다. 특히 직접적으로 육아를 맡고 있는 엄마가 아빠의 행동이나 말에 민감하게 반응을 하며 싸움이 일어나기도 합니다. 특히 아빠가 육아휴직을 하지 않으면 엄마의 독박 육아가 되고, 그럼 자연스럽게 입장의 차이가 생기기도 하는 겁니다.

생명을 낳고 키우는 일이 많은 경험과 지식을 요구하는 일이다 보니 다른 육아의 관점 때문에 싸우기도 합니다. 부부가 싸우면 좋은 말이 오고 갈 일이 없고, 분위기가 냉랭하면 아이들도 눈치만 보며 무서워합니다. 부부싸움 후에 화를 아이들에게 푸는 부모들도 보았습니다. 그런 환경이 보이기 시작하면 자연스럽게 우리 아이들의 마음에는 병이 생기기 시작합니다.

부부싸움을 하지 않으려면 평소 상대방의 입장에서 생각을 해보고 서운한 점, 고마운 점 등 다양한 소재의 대화를 많이 나누셔야 합니다. 그렇게 서로의 마음을 알게 되면 그 마음을 헤아려주든지 힘든 점을 좀 도와주든지 하시면 됩니다. 마음속에 묻고만 있으면 절대 해결 안 됩니다. 꼭 해서는 안 될 이야기가 아니라면 소통을 통해서 서로의 가려운 점을 긁어주시면 됩니다.

쉽게 예를 들어보겠습니다. 아빠가 등이 너무 가렵습니다. 그래서 엄마한테 등을 긁어달라고 이야기를 합니다. 그럼 말로 "오른쪽, 위, 아래, 그래 거기!" 이렇게 가려운 곳을 이야기해줘야 정확하게 긁어주고 시원함에 고맙다는 말도 한마디하고 그럴 텐데요. 그냥 등만 딱 들이대고 "긁어봐." 그리고 가만히 있으면 가려운 곳이 어딘지 알고 긁겠냐는 말입니다. 솔직히 부부가 싸울 수도 있지만 마음만 먹으면 싸울 일도 없습니다.

대화를 통해서 마음이 건강한 아이로 키워보는 건 어떨까요?

18

말 잘하는 아이로
키우는 방법

저는 말이 참 많은 아빠입니다. 아이가 태어나기 전부터 배 속에 대고 폭풍수다를 떨었고, 아이가 태어나서도 지금까지 아이들과 대화하고 노는 것을 좋아합니다. 그래서일까요? 우리 아이들이 말이 정말 많습니다. 말 많은 저조차도 시끄럽다 생각할 정도로 진짜 말이 많습니다. 과하게 수다쟁이라서 하루 종일 귀가 아프지만 그래도 아이들과 대화를 나눌 수 있다는 자체가 너무 신기하고 좋습니다. 우리 아이들이 말을 정말 잘한다는 것은 참 좋은 일입니다.

많은 부모들이 말 잘하는 아이로 키우고 싶다고 생각을 합니다. 그래서 저희 아이들이 말을 잘할 수 있게 되었던 몇 가지 스킬을 나누려 합니다. 아이들의 언어 발달 역시 어릴 적부터 하는 것이 맞다는 걸 경험을 통해 느꼈습니다.

말 잘하는 아이로 키우는 방법 1. 쉬지 않는 대화

바로 앞에서 마음이 건강한 아이로 키우려면 대화가 필요하다는 말씀을 드렸습니다. 만약에 그 대화가 말 잘하는 아이로 키우는 방법도 된다고 하면 믿으시겠습니까?

살짝 자랑을 섞자면 저희 두 아이는 말을 정말 잘합니다. 과하게 어른스러워서 저희 부부는 "말이라도 못하면…" 이런 말을 자주 합니다. 어록을 남기는 아이들 있잖아요. 그거 다 어른들의 대화 속에서 얻을 것들입니다.

저희 집은 아이가 태어난 순간부터 집이 조용한 적이 없었습니다. 물론 아이가 잠을 자지 않고 눈 뜨고 있을 때만 그렇습니다. 놀 때는 쉬지 않고 놀아주고, 잘 때는 숙면을 위한 환경을 만들어줍니다. 신생아 때는 눈앞에 사물만 보이지 이게 엄마인지 아빠인지 모르거든요. 목소리와 냄새로 알 테지만 그래도 엄청 놀아줬습니다.

엄마도 엄마지만 아빠와 나누는 대화는 엄마보다 더 큰 효과가 있다는 건 다들 아실 겁니다. 첫째가 배 속에 있을 때부터 엄청 대화를 했습니다. 대화라고 하기보다는 일방적으로 떠드는 거겠죠. 배 속에 있을 때 아빠가 부르는 소리를 아기가 기억할까요? 우리 아이는 기억하더라고요. 인큐베이터에 있는 아기를 처음 봤을 때 간호사님이 아이에 대해서 확인시켜줄 때였습니다. 추워서 울고 있는 아이에게 "차돌아(태명), 아빠야." 했더니 아이가 울음을 멈추고 아빠 목소리를 듣더라고요. 함께 있던 부모님들이 그 모습을 보고 목소리 알아듣는 것 같다며 놀라셨습니다. 둘째 역시 불러보았는데 역시나 아빠가 부를 때만 멈추고 다른 사람이 부르면 울었습니다. 참 신비한 경험이었습니다.

시간만 나면 아이와 대화를 하였습니다. 옹알이도 받아주고 하면서 대화를 이어갔습니다. 지금도 아이들과 쉬지 않고 소통하려고 노력하고 있습니다. 목욕을 시킬 때도 "오늘 어린이집에서 뭐하고 놀았어? 어떤 친구가 제일 좋아? 뭐 배웠어?" 이렇게 아이의 하루를 물어보면서 대화를 시도합니다. 이렇게 저희 아이들은 지금 언어의 마술사가 되어버렸습니다.

말 잘하는 아이로 키우는 방법 2. 끊임없이 흐르는 노래

저는 음향학 전공자입니다. 주인님은 플루트를 전공했습니다. 녹음실에서 폴리아티스트와 엔지니어로 처음 만나서 여기까지 인연을 이어왔습니다. 그러다 보니 음악은 우리 두 사람의 공통의 관심사가 되었습니다. 아이가 태어난 순간부터 우리 집은 조용할 날이 없었습니다. 제 입이 쉬면 노래를 틀어줬고, 노래가 쉬면 제 입이 일을 했습니다. 클래식, 동요, 대중가요 구분

없이 들었습니다. 대중가요에도 아이가 잠을 잘 수 있게 도와주는 멜로디가 있으니 대중가요가 어린이 정신건강에 나쁜 영향을 준다고 생각하지 않습니다.

차에서도 집에서도 잠잘 때도 목욕할 때도 유모차에서도 노래는 우리 아이들과 함께하는 친구였습니다. 지금도 차를 타면 노래 없이는 이동을 못 합니다. 동화든 노래든 틀어줘야 합니다. 가요도 상관없이 아이들이 즐기는 음악은 다 틀어줍니다.

말 잘하는 아이로 키우는 방법 3. 책 읽어주기 그리고 동화 들려주기

책이 주는 효과는 엄청나다는 것은 다 아실 겁니다. 한글을 가르칠 때도, 인성을 가르칠 때도 책은 최고의 도구입니다. 말을 잘하는 아이로 키우려면 책을 많이 읽어주면 좋습니다. 자기 전에 책 한 권, 낮에도 책 한 권, 심심할 때 책 한 권. 동화도 자주 들려주면 너무 좋습니다. 듣고 생각하는 것이 아이들 언어 발달에 큰 도움이 됩니다.

우리 아이들이 말하는 것을 듣다 보면 가끔 이런 생각을 합니다.

"내가 천재를 낳았어."

19

아이의 타고난 기질에 따른
다양한 훈육법

사람은 각자의 기질을 가지고 태어납니다. 그런 기질을 거슬러서 부모의 마음에 맞게 자랐으면 하는 것은 부모의 욕심입니다.

"나는 안 그랬는데 너는 왜 그러냐."

"도대체 넌 누굴 닮아서 이러냐."

"우리 집에 너 같은 성격 없었는데 말이지."

없긴 왜 없습니까? 아니 뗀 굴뚝에 연기가 날까요? 찾아보면 어딘가에 아빠, 엄마, 삼촌, 고모, 할아버지, 할머니… 어딘가에는 꼭 있습니다. 괜한 말로 아이 상처받게 하지 않았으면 좋겠습니다.

울고 떼쓰는 아이. 육아할 때 가장 힘들고 속상한 것이 바로 울고 떼쓰는 아이인데요, 이 아이들에게는 비슷한 점이 있습니다. 좀 까다로운 기질을 갖고 태어났다는 점입니다. 태어날 때 이미 갖고 있는 생물학적 특성이 바로 기질입니다. 타고난 기질에 따라 훈육하는 방법 역시 다릅니다.

제가 〈금쪽 같은 내 새끼〉 열혈 시청자인데요, 오은영 박사님이 방송에서 기질에 대하여 설명을 해주신 것이 있는데, 크게 3가지로 구분을 하였습니다.

Easy형
Easy형은 말 그대로 순한 기질을 갖고 있어서 뭐든지 쉽게 받아들이는 성향입니다. 예를 들어 잠이 들고 깨는 시간, 낮잠 시간 등 수면 시간이 규칙적입니다. 잘 달래어져서 울음도 잘 그치고 새로운 환경에 쉽게 적응을 합니다.

Difficult형

Difficult형은 까다롭고 예민한 기질을 뜻하는 건데요, 이 기질을 가진 아이는 주장이 명확하고 호불호가 분명합니다. 활동량이 많아서 가만히 있지 못합니다. 탐색하는 편이고 직접 눈으로 보고 참견해야 하며 울어도 잘 달래어지지 않습니다. 자신의 불편한 마음을 즉각적이고 좀 세게 표현합니다. 이런 아이들은 부모의 인내심이 매우 필요합니다. 부모가 이런 걸 이해하지 못하면 무심코 아이에게 "너 키우기 참 힘들다."라는 얘기를 내뱉을 수 있습니다.

예를 들어 새 옷 같은 거 입을 때 원래 익숙한 옷이 아니기에 괜히 불편하게 느끼고 이건 이렇다 저건 저렇다 얘기를 많이 합니다. 양말의 코 부분이 조금만 삐뚤어져도 불편하다고 합니다. 불편한 게 원인인 거라 익숙해지기 전까지만 짜증을 냅니다.

Slow to Warm up형

겁이 많고 소심해서 무슨 행동을 하더라도 한 번 더 생각을 하고 진행하기 때문에 조금 답답하게 보일 수 있습니다. 새로운 경험을 하는 것, 새로운 환경을 만나는 것에 대한 대응이 느립니다. 그렇다고 이 기질의 아이가 성취욕이 낮거나 둔한 것은 아닙니다. 그냥 타고난 것이 조심스럽고 느린 것입니다.

저희 첫째는 Difficult형에 속합니다. 예민하고 까다롭습니다. 거기에 완벽주의 성향을 갖고 있어서 무슨 일을 하다가 본인이 목표한 바에 이루지 못하면 짜증을 내다가 울어버립니다. 심지어 저희는 이런 일도 있었습니다. 어느 날 이웃분이 물어보셨습니다.

"혹시 아이가 어디 아파요?"

"아니요~"

"요새 자꾸 울어서 어디 아픈 줄 알았어요."

울고 떼쓰는 아이가 되어버리니 이런 오해도 받을 정도입니다. 아이가 되게 밝고 똑 부러지지만 까다롭고 예민한 기질 때문에 본인 스스로도 힘들어합니다.

기질에 따른 훈육법

기질에 따른 훈육법에 대해서는 책이나 사전 등 다양한 매체를 통해 정보를 얻을 수 있는데요, Easy형에 대한 훈육법은 거의 나와 있지 않습니다. 규칙적이고 울음도 금방 그치고 뭐든지 쉽게 넘어가니 부모의 입장에서 보면 크게 훈육할 일이 없습니다. 그 외에 까다롭거나 조금 느린 기질을 가지고 태어난 아이에게는 그 기질에 따른 훈육법을 지켜주면 좋습니다. 그렇다고 무조건 같은 방법으로 하는 것은 옳지 못하고 아이에게 맞는 법을 찾아내는 게 부모의 숙제가 아닌가 생각이 듭니다.

Difficult형 아이 훈육법

활발하고 적극적이긴 하나 새로운 환경에 불편함을 잘 느끼기 때문에 변화나 자극 등은 조금씩 천천히 주는 것이 필요하니다. 아이가 몸과 마음이 편안한 상태를 가져야 불편함을 덜 느끼기에 남에게 피해를 준다거나 위험하지 않은 이상 욕구 충족을 위해 신경을 쓴다면 훈육할 상황을 줄일 수 있습니다. 또한 강하고 세게 통제하지 말고 부드럽게 해야 아이가 더 잘 알아듣습니다. 흥분한 상태의 아이 감정을 자극할 필요는 없습니다. 감정이 가라앉을 때까지 기다려주는 것이 필요합니다. 그리고 울음이 멈추면 차분하게 아이가 잘못한 부분을 설명을 해줍니다. 이때 한계 설정이라는 것을 해주면 좋습니다.

한계 설정이란, 아이가 나이에 맞게 배워야 하는 것이 있습니다. 만 5세인 저희 아이를 기준으로 조면, 내가 원하는 대로 다되지 않는다는 것을 알게 해줘야 합니다. 일부러 안 되게 할 필요는 없지만 어쩔 수 없이 안 되는 것이 있다는 것을 아이가 배우지 못하면 아이는 세상 사는 게 어려워집니다. 육아는 아이의 마음을 이해하고 충분히 들어주어 공감을 이끌어내야 하는 것이 맞지만, 그렇다고 원하는 것을 다 들어줄 필요는 없습니다. 상황과 한계를 잘 설명해주고 어쩔 수 없는 경우가 생길 수 있다는 것도 충분히 알려줍니다. 아이가 알아들었지만 그래도 불편함을 받아들일 수 없어서 징징거립니다. 아이가 불편함을 느낀다는 것을 수용해주고 공감해주긴 하지만, 그 한계를 무너뜨릴 필요는 없습니다.

Slow to Warm up형 아이 훈육법

겁이 많고 소심한 아이는 절대로 겁을 주는 말이나 행동을 해서는 안 됩니다. 차분하고 친절하게 훈육을 해야 하고, '네가 미워서 그런 것이 아니고 너의 잘못에 대해서만 야단을 쳤다'고 꼭 이야기해줘야 합니다. 아이의 행동이 느리고 답답하다고 윽박지르거나 다그치면 이 아이는 신경질적인 성격이 될 수 있습니다. 뭐든 받아들이는 것이 느리기에 아이가 상황에 적응을 한 이후에 훈육을 하는 것이 중요합니다. 특히나 아이에게 칭찬 등을 통해 자신감을 높일 수 있게 해주어야 합니다. 제가 늘 드리는 말씀이지만 칭찬, 그건 최고의 약입니다.

"훈육이란 혼내는 것이 아니라 옳고 그름을 가르치는 것!"

부모도 사람인지라 감정이 격해져서 못 지키는 경우가 많습니다. 너무 참기 힘들 때는 잠시 자리를 피해서 부모의 마음부터 식히고 오는 건 어떨까 합니다. 어렵지만 인간의 도리를 가르치는 것이 훈육입니다. 잘 가르쳐서 세상에 내보내야 하기에 오늘도 우리 엄마, 아빠는 멘탈을 꽉 붙잡고 힘을 내봅니다!

한글 공부가 재밌어요,
스스로 해요

인간의 도리를 가르치는 것이 훈육이라면 동시에 교육도 신경을 써야 하는 게 부모의 역할입니다. 가장 먼저 교육을 하는 것이 아마 한글이 아닌가 하는 생각을 합니다. 초등학교에 가기 전에 떼고 가야 뒤처지지 않는다며 가장 조급해하는 게 아마 한글 가르치기일 것입니다.

까다로운 Difficult형 기질을 가진 저희 첫째는 만 5세 이전에 한글을 읽고 쓸 줄 알게 되었습니다. 쓰는 순서나 삐뚤빼뚤한 건 부족하지만 특별한 교육이나 아이템 없이 스스로 한글을 깨우친 케이스인데요, 이게 방법이라고 하기에는 좀 그렇지만 이렇게 했더니 아이가 한글에 재미를 들여서 놀이로 한글을 익혔던 방법을 알려드리려고 합니다. 아마 Difficult형이라서 가능했던 것 같습니다 .

아이들 등하원 하는 저희 차에는 4쪽짜리 엄지손톱만 한 소책자가 여러 권 있습니다. 첫째가 이면지를 오리고 책이라며 만든 거였습니다.

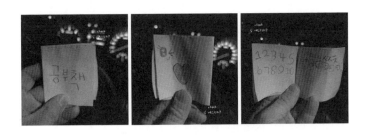

우리 아이의 한글 사랑은 이때부터 시작된 것 같습니다. 첫째가 42개월 정도 되었을 때입니다. 2020년 3월 초 해외에 출장 다녀오는 길이었습니다. 이때 대구 신천지 코로나 사건으로 한국인은 전 세계로부터 경계의 대상이 되었었습니다. 원래 입국 날짜도 하루 전날이었는데 항공 스케줄이 모두 취소되고 다음 날 대체 항공으로 겨우 입국을 할 수 있었습니다. 이날은 제 생일이었습니다. 인천공항에 도착하니 주인님이 아이들과 함께 마중을 나와 있더라고요. 전혀 예상도 못 했던 일이었습니다. 그때 아이들은 스케치북에 생일 축하한다는 메시지를 써서 가지고 왔습니다. 이거 받고 눈물 안 흘리는 아빠는 없을 겁니다. 엄청 기뻐하며 며칠 동안 입이 마르도록 칭찬을 해주었습니다. 엄청 뿌듯해하던 첫째의 모습이 지금도 기억이 납니다.

칭찬이 계기가 되었을까요? 이때부터 이 아이는 한글에 관심을 보이기 시작했습니다. 한글처럼 생긴 것들만 보면 "엄마, 여기 뭐라고 써 있어? 아빠 이건 뭐야? 무슨 뜻이야?" 물어보기 시작했습니다. 이미 숫자는 휴대폰이랑 책을 통해서 읽을 줄 알았기에 오직 관심사는 한글이었습니다. 사촌언니에게 물려받은 낱말카드는 최고의 장난감이 되었습니다. 어느 순간부터 읽는 것은 물론 본격적으로 쓰기 시작했습니다. 연필도 잡을 줄 모르는 아이였는데 한글을 그림처럼 기억하여 쓰던 것입니다.

어느 날 제가 야근을 하고 집에 오니 문 앞에 커다란 편지가 한 장 붙어 있었습니다. 첫째 녀석이 엄마에게 부탁을 해서 편지를 썼답니다. "아빠한테 편지 쓰고 싶은데 엄마가 도와줘요." 그래서 아이가 불러주는 대로 엄마가 스케치북에 점으로 찍어서 글씨를 써주고 그 위를 따라 써서 편지를 직접 완성했다고 합니다. 이날 저는 문 앞에서 한참을 울다가 들어갔습니다. 다음 날 아침 폭풍 칭찬과 함께 칭찬 스티커도 여러 장 주었습니다. 집에 있는 모든 종이는 첫째의 노트가 되었고, 글씨 쓰기와 그림 그리기는 취미가 되어버렸습니다.

어느 날 퇴근하고 오니 주인님이 저를 붙잡고 이야기합니다. 요즘 어린이집에서 선생님들하고 엄마들로부터 질문을 많이 받는다고 합니다. 집에서 소이한테 한글을 따로 교육하냐고 물어본답니다. 당시 소이는 만 5세였는데 7세 이상의 한글 능력을 갖고 있다고 선생님이 말씀하셨답니다. 반 친구들도 모르는 거 있으면 소이한테 와서 물어본답니다. 그럼 소이가 다 알려준다고 합니다. 별다른 교육을 해준 게 없으니 엄마들에게 이렇다 할 시원한 답을 못 해줬다고 합니다.

엄마의 이벤트 → 폭풍 칭찬 → 관심 → 또 칭찬

이것이 저희가 첫째에게 한글을 가르친 전부입니다. 결정적인 칭찬 한마디에 한글이 놀이처럼 재밌어진 것 같습니다. 스스로 깨우친 아이에게도 고맙고, 이벤트를 열어주었던 주인님한 테도 참 감사합니다. 이제 저만 돈 잘 벌면 됩니다. ^^

(21)

아이의 첫 사회생활,
어린이집

우리 아이들에게 첫 사회생활은 어린이집이죠. 저희는 엄마가 육아에 전담하고 있어서 두 돌이 지나면 어린이집에 보내자는 주의였습니다. 엄마의 복직 등 다양한 사연으로 인해 6개월 때부터 어린이집에 가는 아이들도 참 많더라고요. 아무것도 모르는 나이에 엄마와 떨어져 있어야 한다는 것이 참 안타깝습니다.

어린이집에 보내기 위해서는 많은 준비를 해야 하는데 우선 준비물보다 먼저 해야 할 일이 있습니다. 영유아 예방접종을 체크해서 완료해야 합니다. 단체생활을 하기 때문에 어떤 외부의 환경에도 면역력이 있어야 이겨내기 때문에 지금의 나이에 맞는 예방접종을 시켜주고 어린이집에 보내주면 좋겠습니다.

어린이집 준비물

− 가방 : 도시락, 숟가락, 포크, 수저통, 물통

− 이불 : 낮잠 이불 (보통 어린이집에서는 낮잠을 자지만 유치원에서는 안 잡니다.)

− 칫솔 다섯 개, 치약 한 개, 로션 한 개 (이것도 원마다 달라요. 저희 아이들 어린이집에서는 이렇게 요청했습니다.)

− 물티슈 두 개, 핸드수건 두 장, 여벌 옷, 기저귀 한 팩 (기저귀를 사용하는 친구들은 물티슈를 추가 요청할 수 있습니다.)

어린이집에 처음 가면 적응 기간을 갖습니다. 보통 1주일에서 길게는 2주까지 부모가 교실 안까지 들어왔다가 서서히 빠지는 형태로 하루 2시간부터 시작하여 점차 늘려가면서 엄마와 떨어지는 적응을 시킵니다. 부모들은 아이가 원만하게 어린이집에 적응하길 바라는 마음이 큽니다. 그러기 위해서는 사전에 철저한 준비가 필요합니다.

1. 등원 시기 계획

모든 육아는 가족의 철저한 계획하에 이루어져야 합니다. 집집마다 사정이 있고 육아에 대한 철학이 다르기에 첫 등원하는 시기 역시 다릅니다.

저희 집은 두 돌 지나고 보내기로 하고 엄마가 가정 보육을 했습니다. 외벌이로 좀 힘들어도 아이한테 중요한 시간을 엄마가 함께해야 한다는 생각이 있었습니다.

첫 등원의 일정 계획을 세웠다면 집 주변에 아이를 믿고 맡길 만한 어린이집을 찾아봅니다. 요새 지역 맘카페만 가도 여기는 어떻고 저기는 어떻고 하는 정보는 충분히 얻을 수 있습니다. 또 '어린이집 정보 공개 포털' 사이트에 가시면 어린이집에 대한 정보를 얻으실 수 있습니다.

2. 사전 준비 활동

어린이집에 잘 적응하기 위해서 다양한 활동을 통해서 경험을 해보는 게 좋습니다.

문화센터

이것이 진짜 첫 사회생활입니다. 그렇지만 문화센터는 엄마, 아빠가 꼭 동반하고 있다는 점이 다릅니다. 백화점, 대형마트, 주민센터 등의 문화센터에는 다양한 프로그램이 있습니다. 보통 6개월 이후부터 자연스레 음악도 들려주고 다양한 색도 보여주고 할 수 있는 프로그램이 많습니다. 저는 아이랑 문화센터 가는 게 재밌어서 자주 갔습니다. 거의 청일점이었습니다.

종교 활동

이 활동을 하는 집은 좀 더 사회생활이 빠릅니다. 유아실에서 예배를 하는 가족들이 좀 있다 보니 자연스레 다른 사람들과 어울리는 법을 배우게 됩니다.

공동육아 활동

친한 지인들의 가족들과 어울리는 등 공동육아 활동을 통해 사회를 경험해보는 방법도 있습니다.

키즈카페

요즘은 키즈카페가 정말 잘되어 있습니다. 같은 시설을 여럿이 사용을 하기에 양보하는 법도 배우고 좋습니다. 어린이들이 다니는 곳이기 때문에 소독도 자주 하고 방역수칙도 잘 지켜지고 있어서 안심이 됩니다.

어린이집 가는 길 익히기

앞으로 가게 될 어린이집 가는 길을 자주 지나가고 보여주면서 오가는 길에 대한 풍경이 익숙해지게 해줍니다.

새로운 장소에 자주 가기

낯을 가리거나 두려움이 많은 아이들은 새로운 곳을 자주 가서 낯선 곳에 대한 두려움을 없애줘야 합니다.

책을 통한 사전 교육

어린이집 생활을 알려주는 동화 등이 많습니다. 평소에 책 육아 좋아하신다면 어린이집 가면 발생할 수 있는 다양한 상황을 미리 알려주는 방법도 좋습니다.

가족과의 애착관계 형성

아이가 정서적으로 안정되어야 새로운 환경에 대한 적응도 빠르고 거부감이 덜 합니다.

3. 어린이집 적응 기간

보통 첫 등원을 하면 교실에 엄마와 함께 들어갑니다. 그럼 자연스럽게 선생님이 다양한 방법으로 아이들의 시선을 분산시켜줍니다. 그럼 엄마들은 조용히 복도로 나가버립니다. 처음에는 선생님과 친구들과 함께하는 새로운 일들이 신기하고 즐거워하지만 금방 엄마 생각이 나서 찾거나 우는 친구들이 생겨납니다.

이런 식으로 차근차근 시간을 늘려서 약 2주 정도 만에 아이들 적응을 시킵니다. 이건 아이마다 성향이 다르기 때문에 조금 더 적응 기간이 필요할 수 있습니다.

현실
육아
극복하기

독박 육아
용납 못 합니다

1년 전, 육아 블로그를 시작하면서 너무 좋은 이웃들을 많이 만났습니다. 진짜 열심히 사는 엄마, 아빠들을 보면서 저도 의욕이 불타올랐습니다. 이웃들과의 소통을 통해 정보도 많이 주고받았습니다. 이게 사전에서 이야기하는 공동육아인 것 같습니다.

독박 육아 : 영어로 single parenting. 남편이나 아내 또는 다른

사람의 도움 없이 혼자 아이를 케어하고 기르는 일을 비유한 말.

육아맘들의 SNS에서 가장 많이 보는 말입니다. 여기에는 입장 차이를 이해하지 못하는 요즘 엄마, 아빠들의 이기적인 생각이 담겨 있습니다. 내가 조금이라도 피해의식이 있다고 느끼기에 이런 말이 나오는 겁니다. 생각을 바꿔보면 아무것도 아닙니다.

내 새끼, 내가 기르고 키우는 건 당연한 건데 왜 다른 사람이 안 도와줬다고 독박 육아라고 표현을 할까요? 함께 육아를 할 사람이 있는데 그 사람은 놀고 있고 나 혼자 전적으로 돌본다면 독박 육아라는 말을 좀 써도 됩니다. 그게 아니라면 이 표현을 쓰면 안 되는 게 맞습니다.

지금부터 부부의 입장 차이를 사연을 통해 살펴보겠습니다.

엄마의 입장

예로 드는 사연은 허구+주변에서 본 내용을 토대로 구성한 것이며, 아내든 신랑이든 비하하려는 것은 아니며 이해를 돕기 위해 콩트처럼 표현하였습니다. 오해는 말아주세요. ^^

사연1)

아빠가 출근하고 나면 엄마는 혼자 집에 남자아이를 돌봅니다. 2~3시간씩 나누어 수유도 하고 빨래며 청소며 밥이며 집안일까지 쉬지 않고 합니다. 정작 본인은 지쳐서 입맛도 없고 대충 있는 거 먹거나 합니다. 때가 되면 예방접종도 가야 하고, 어린이집이라도 가게 되면 아침부터 전쟁을 해야 합니다.

그렇게 고군분투하면서 하루를 보내고 유일한 내 편인 신랑이 퇴근하고 집에 왔습니다.

'아~ 살았다.' 엄청 반갑고 이제 좀 쉴 수 있겠구나 하는 생각이 들 때쯤, 신랑은 이렇게 얘기합니다.

"오늘 힘들었지? 내가 얼른 손 씻고 와서 애기 좀 봐줄게. 커피라도 한잔 마시고 쉬어."

이러면 얼마나 좋을까요? 그런데 그렇게 얘기하는 사람 한 놈도 없습니다. 대부분 집에 오자마자 아기만 찾습니다.

"○○는 어딨어? ○○야~ 아빠 왔다!"

그럼 씻고 와서 아기랑 좀 놀아주기라도 하지. 밥부터 찾거나 쇼파에 앉아서 TV 보거나 스마트폰을 봅니다. 정신없이 밥을 차려서 같이 식탁에 앉았지만 엄마는 아이 보느라 밥도 제대로 못 먹습니다. 그럼 밥이라도 얌전히 먹어야지 반찬투정은 왜 하는지….

이때 아내 입장에서는 독박 육아를 느끼게 됩니다.

사연2)

주말이 다가옵니다. 오랜만에 엄마도 보고 싶고 친구도 보고 싶습니다. 그때 아내는 단 0.000001%라도 희망을 갖고 신랑한테 슬쩍 얘기를 꺼내봅니다.

"여봉~ 토요일에 아이 좀 봐줘. 친구가 결혼한다고 밥 사준다고 보자고 하네."

그럼 남편은 시원하게 다녀오라고 하면 좋겠는데 한 번에 그

렇게 얘기하는 사람은 없지요. ^^

"그래? 친구 누구? 고등학교 친구였었나?"

이런 식으로 시간을 끌어봅니다. 그러면 아내는 이미 반은 체념하고 또 얘기를 꺼내지요.

"왜? 주말에 일 있어?"

"아니, 일은 없는데 너무 피곤해서 좀 쉬고 싶어서 그러지. 그냥 결혼식만 가면 안 돼?"

"아니 내 제일 친한 친구인데 어떻게 그래. 다 모인다는데. 난 언제 내 시간 가져?"

"넌 맨날 집에 있잖아. 그럼 나는 언제 쉬어? 내가 맨날 놀아? 평일에도 일하고 주말에도 애 봐야 해?"

"그럼 난 집에서 노냐?"

이걸 연극으로 풀었으면 좀 더 리얼하게 했을 텐데 글로만 하니까 한계가 있군요. 그렇게 자신의 입장만 얘기하면서 서로 더 피해자라는 생각을 하고 있습니다. 그러니 자신이 더 억울하고 불만스러운 거죠. 실제 제 주변에 이런 대화를 하는 지인이 있답니다.

그럼 아빠의 입장에서 살펴볼게요

아빠의 입장

아이를 낳고 나면 지출이 꽤 많이 있습니다. 출산용품, 기저귀, 물티슈, 아기침대, 각종 용품, 유모차, 카시트… 월급은 한정되어 있고 회사에서 온갖 스트레스 다 받지만 우리 가족한테 필요한 건데 해줘야지 하면서 꾹 참고 가장으로 최선을 다합니다.

어느 날 회사에서 일하고 있는데 카톡이 울립니다. 아내가 사진을 보냈습니다. 아이 사진인 줄 알고 좋다고 열었더니 유모차가 한 대 보입니다.

"이번에 새로 나온 건데 지금 쓰는 것보다 좋대. 한번 바꿔줄까?"

"이번 것도 산 지 얼마 안 됐고 몇 번 안 탔잖아."

"그렇긴 한데 이건 핸들링도 좋고 사은품 뭐 주고 조리원 동기 누구는 이걸로 바꿨대."

"꼭 바꿔야 해? 지금 거도 사서 이제 할부 2번 빠져 나갔어."

"중고로 팔고 그 돈으로 사면 되잖아. 다 그렇게 하고 산대."

"응, 알겠어."

아이와 아내를 위해 이런 것도 못 해주면 안 된다는 마음에 주말에 알바라도 해볼까 하고 배달이든 뭐든 알아보고 있습니다. 아빠 어깨에 앉은 무게는 그 어떤 것보다 무겁답니다. 주말은 이틀이잖아요. 이틀 중에 하루 정도는 아빠를 위한 시간 잠깐의 휴식 시간을 주시거나 힘내라는 따뜻한 말 한마디가 진짜 완전 울트라 캡숑 큰 힘이 됩니다.

그럼 제가 이런 입장 차이를 줄이기 위해서 했던 방법이 있는데요, 딱 이거면 되지 않을까 합니다. 잘 들어보세요!

저희 집은 '엄마의 날'이라는 문화가 있습니다.

첫째가 태어날 때쯤에 TV에서 〈슈퍼맨이 돌아왔다〉라는 게 한창 인기였거든요. 그걸 우리 집에 접목을 시켰습니다. 물론 처음에는 제가 한 게 아니고 우리 주인님이 했습니다. 그래서 제가 그랬죠. 방송에서는 출연료도 주고 뭘 하든지 제작비로 지원을 해주니까 저렇게 하는 거지~ 나는 내가 돈도 벌어야 하고 쉬는 날 애도 봐야 하고…. 투덜거렸지만 어쩌겠어요. 한번 해보고 싶었기에 승낙했습니다.

"엄마의 날!"

한 달에 한 번, 최소 24~48시간까지 엄마에게 자유를 주는 날! 이날은 혼자 미용실에 가든지, 영화를 보든지, 친구를 만나든지 상관 안 하는 날입니다. 아이는 100% 내가 먹이고 씻기고 재우고 하는 날입니다.

첫째가 갓난쟁이 때부터 둘째까지 해왔는데요, 제가 육아에 진심이 되어버리니까 둘 데리고 있는 것도 되더라고요.

엄마의 날 문화, 딱 그것만 해줘도 독박 육아가 어쩌네 힘드네 그런 말 안 합니다. 그런 작은 희망이나 작은 기쁨조차 없으면 엄마들 진짜 힘들 거예요. 육아맘 우울증이 괜히 생기는 게 아닙니다. 삶에는 환기가 꼭 필요합니다. 무조건이요!

아빠들 힘들게 일하는 거 엄마들이 다 알고 있습니다. 그래도 아빠는 밖에서 맑은 공기도 마시고, 회식이다 뭐다 숨 쉴 수 있는 시간이 있지만 엄마들은 없습니다.

그게 바로 '공동육아'라는 것입니다. 함께하는 기쁨, 행복 진짜 끝내줍니다. 이렇게 부모가 함께할 때 아이들의 정신 건강은 너무나 맑고 건강해질 것입니다.

육아 스트레스 해결?
남자 하기 나름이라니까요

육아 스트레스, 많은 육아맘이 고통을 겪고 있고 극복하셨고 앞으로도 경험하게 되겠죠? 글을 보고 있는 독자분들은 어떠신가요? 결혼 전에는 결혼하고 아이가 생기고 잘 키우고 그런 게 행복이라 생각하는 철없는(?) 생각을 하면서 열심히 사랑도 하고 모든지 함께 할 계획도 세웁니다. 지금 생각해보면 그때는 앞도 뒤도 볼 것 없이 이 사람과 함께하는 것만으로도 좋다는 생각으로 지냈던 것 같습니다.

아이를 낳아봐야 부모의 마음을 알고 철이 든다고 했던가요? 저희 아이가 점점 자라 곧 초등학교에 갈 때가 되니 슬슬 하나씩 보이고 깨닫게 되더라고요.

본격적인 이야기를 하기 앞서서 우리 아빠들이 알아야 할 것이 있습니다. 특히 출산을 앞두고 있는 가족이 있는 분들, 지인 분들, 특히 아빠들은 꼭 하지 말아야 하는 행동이 있습니다. 저는 이걸 실제로 느낀 점입니다.

첫째 아이를 출산할 때의 일입니다. 첫째와 주인님의 생일은 3일 차이가 납니다. 첫째 생일이 9월 13일이고 주인님은 9월 17일입니다. 산후조리원에서 생일을 맞이하게 되었습니다. 그런데 조리원에서 지내는 14일 내내 생일인 거는 다 아시죠? 맨날 미역국만 나오니···. 조리원에 있을 때 생일이라서 여기저기서 선물이 들어오곤 합니다. 분명 생일은 주인님 생일인데 선물은 아기용품만 들어오더라고요. 처음엔 별거 아니라고 생각을 했습니다. 내 생일에 아기용품이 들어왔다는 것은 우리 아이가 태어난 것도 축하해줌과 동시에 아이용품을 덜 사도 되니 경제적으로 도움이 되지 않을까 싶었는데요, 이건 진짜 말도 안 되는 얘기인 것 같습니다.

생일선물은요 받는 사람 입장에서 사줘야 하는 겁니다. 엄마도 하나의 인격이고 이름이 있는 사람입니다. 아이가 태어났다고 해서 본인은 없어지고 ○○의 엄마가 된다는 것부터 육아 스트레스가 시작되는 게 아닐까 생각합니다. 아이를 낳는 순간부터 나는 없으니 아이 키우다가 힘들면 엄마이길 포기하고 싶다는 생각이 드는 거예요..

자, 다 아셨죠? ○○○는 아이를 낳아도 ○○○입니다.

그럼 이것을 마음에 담아두고 본론에 들어가도록 하겠습니다.

육아 스트레스, 왜 받는 걸까요?

그건 바로 '내 생각만 해서'입니다. 엄마는 본인 생각만 하고 아빠도 본인 생각만 합니다. 무조건 상대방의 입장에서 한 번만 더 생각을 해보면 반드시 달라질 거라 생각을 합니다. 공동육아를 통해 아이를 키우면서 생기는 스트레스를 반으로 나눠보면 어떨까요?

부부간에 공동육아가 형성이 되면 육아 스트레스는 자연스럽게 나닙니다. 엄마와 아빠는 부모이기도 하지만 한 사람의 배우자이고 우리 부모님의 자식이고, 회사를 다닌다면 직원이기도 합니다. 살다 보면 스트레스 받을 일이 한두 가지가 아닙니다. 어떨 때는 정말 감당하기 힘들 정도로 스트레스가 몰려올 때가 있습니다. 정말 죽고 싶고 다 내려놓고 싶을 만큼 힘이 드는 순간에도 우리 아이들은 나만 바라보고 있습니다. 부모는 그 어떤 순간에도 아이들 책임지고 가르쳐야 할 의무를 가진 사람입니다.

정말 신기하게도 내가 힘들 때 아이는 더 말을 안 듣고 사고를 칩니다. 도대체 왜 그럴까요? 결국 터져버린 부모는 아이에게 화풀이를 합니다. 인내심을 시험하는 걸까요? 아이는 나만 바라보고 있습니다. 아이는 나를 가장 사랑합니다. 내가 없으면 안 되는 게 바로 우리 아이들입니다. 부모 따라쟁이, 부모의 거울이라고 내가 힘들면 아이들도 불편하고 불안해서 더 엉뚱한 행동도 하고 사고도 칩니다. 나를 봐달라고요.

너무 미치고 팔짝 뛸 정도로 답답하고 힘이 들 때는 잠시 쉬어간다 생각하면 좋을 것 같습니다. 내가 마음이 편해야 아이를 가르칠 수 있습니다. 일단 내 생각은 잠시 접고 아이 입장에서 한번 생각해보시기 바랍니다. 나로 인해서 아이가 받을 상처, 불안함….

만약에 엄마가 육아 스트레스로 고통을 받고 있으면 아빠는 엄마가 몸과 마음을 쉴 수 있는 시간을 만들어주면 됩니다. 아내가 왜 이렇게 힘들어하는지, 아이는 왜 그런지 상대의 입장에서 한 번 더 생각을 하면 달라질 것입니다.

잠자고 있는 우리 아이 얼굴을 한번 쓰다듬어 보시기 바랍니다. 정말 예쁘고 사랑스럽고 따뜻하지요? 존재 자체만으로도 엄청난 위안이 될 것입니다.

저는 프리랜서 형식으로 개인사업을 하며 일하고 싶을 때 일하고, 쉬고 싶을 때는 내 맘대로 쉬면서 살았던 사람이었습니다. 코로나 터지고 본업을 잃어버렸습니다. 집에 생활비도 제대로 못 가져다주게 되었지요. 그렇게 1년 반 이상을 버티다가 결국 취직을 하고 월급쟁이의 삶을 살게 되었습니다. 진짜 죽고 싶을 정도로 내 자신이 초라하고 한심하게 느껴질 때가 많았습니다. 가족들 볼 낯도 없었고요. 매일 밤 잠자는 아이들을 보면서 다짐하고 버텼습니다.

제가 공동육아를 계속 강조하는 이유도 바로 이 육아 스트레스를 줄일 수 있기 때문이기도 합니다. 일단 무조건!! 아이의 입장에서 한 번 더 생각을 해주고, 배우자의 입장에서도 한 번 더 생각을 해보시기 바랍니다. 지금은 다른 생각 하지 마시고, 어떻게든 우리 아이들과 배우자와 함께 즐겁고 행복해질 수 있을까 하는 생각만 하시면 됩니다.

오늘 우리 아이 따뜻하게 한번 안아보시고요, 배우자에게 카톡이라도 보내서 "힘들지? 고마워." 이렇게 한마디라도 해보세요. 솔직히 아빠도 밖에서 힘들게 일하고 오면 집에서 가족들의 응원과 따뜻한 한마디 듣고 싶죠? 내가 먼저 하면 반대로 나에게 돌아옵니다.

(24)

주말에는
누가 늦잠을 자야 할까요?

　　육아 생활에서 흔한 고민 중 하나입니다. 엄마는 육아로, 아빠는 회사일로 정말 열심히 평일을 보내고 있습니다. 오직 주말 하나만 기다리며 힘든 사투를 벌이며 삽니다. 주말에는 아빠와 엄마 모두 집에 있으니까요.

배고프다 우는 아기, 뛰어노는 아이, 출근하는 남편… 우리 가족의 활기찬 하루를 위해 분주하게 움직입니다. 물론 세수도 제대로 못 하고 잠옷에서 크게 벗어나지 못하지요. 남편 출근하고 아이 어린이집 보내고 학교 등원시키고 나면 집이 적막하죠. 물론 아기를 보고 있으면 적막함은 덜합니다. 아기와 신나게 놀아주고 한숨 재우고 밀린 집안일을 합니다. 대충 끼니 때우고 마트 다녀와서 좀 쉴라 하니까 어린이집 하원 시간이 되었습니다.

아이 데리고 오면 바로 저녁 준비도 해야 합니다. 남편 퇴근하고 오면 같이 식사하고 치우고 아이들 재우고… 애들이 잠이라도 빨리 들면 씻고 개운하게 맥주라도 한잔할 텐데 점점 잠자는 시간이 늦어집니다.

정말 이런 다람쥐 쳇바퀴 같은 하루하루를 보내면서 기다리는 건, 오직 아빠가 쉬는 주말입니다. 토요일에는 아빠한테 아이 좀 맡기고 늦잠 한번 자보고 싶다는 생각을 하면서 버텨냅니다.

육아빠의 하루 (이건 최근 저의 이야기입니다)

새벽에 일어나서 준비하고 출근을 합니다. 하루 왕복 4시간을 지하철과 버스를 이용해 출퇴근합니다. 지하철에서 2시간 내내 서서 가기에 출근하면 이미 지쳐 있습니다.

평생 직장생활 안 해본 제가 흔한 말로 쥐꼬리만 한 월급 받으면서 하루 종일 고된 업무와 스트레스를 온몸으로 이겨내고 퇴근을 합니다. 월급만큼을 더 벌어야 기본 생활이 되는 저는 부가적인 수익 창출을 위해 퇴근 후와 주말을 이용해서 뭔가를 더 합니다.

어느 날 아이들이 아빠랑 자고 싶다고 하여 재우다 보면 애들보다 내가 먼저 잠들어버립니다. 그럼 아무것도 하지 못하고 시간을 버리게 되지요. 그렇게 7개월을 살았습니다. 암튼 아빠들도 치열하게 생존을 위해 살다가 주말만 기다립니다.

이 주제는 저와 육아 소통을 하는 블로그 이웃님의 사연을 토대로 작성한 내용입니다. 이웃님의 남편분은 육아에 잘 참여해 준답니다. 주말에 서로 2시간씩 낮잠 시간도 갖고 하면서 서로를 배려하고 잘 지내나 봅니다. 부부 사이에 휴식은 무조건 공평해야 합니다.

이 공평에 대한 기준을 정해놓고 서로 지켜주면 전혀 문제될 것이 없습니다. 그런데 문제는 예상치 못한 곳에서 발생합니다. 주말 오전, 아빠가 먼저 낮잠을 2시간 자고 나옵니다. 이번에는 엄마 차례입니다. 그런데 아기가 아빠랑 안 있으려고 하니 엄마는 잠이 들기 직전에 호출을 당한다고 합니다. 아이가 울고 엄마 찾고… 아 억울해, 미치겠습니다. 엄마는 정말 쉬고 싶어요.

그럼 여기서 제가 찾은 답은 딱 하나였습니다. 아기와 아빠가 잘 지내면 됩니다. 그런데 아이가 엄마를 안 찾을 정도로 아빠랑 친해지기가 쉽지 않습니다. 무뚝뚝한 아빠들, 분유 하나 타면서도 손을 덜덜 떨어서 분유가루 흘리는 아빠들이 어떻게 아이와 친해질 수 있을까요? 온전히 아빠와 아이만의 시간을 자주 가져야 합니다.

저희 집은 한 달에 한 번씩 '엄마의 날'이라는 문화를 만들어서 지키고 있습니다. 이날은 엄마가 자유 부인이 되는 날입니다. 죽이 되든 밥이 되든 아빠가 알아서 아이와 24시간 이상 보내고 엄마는 아무 신경 쓰지 말고 하고 싶은 거 하면 됩니다.

대부분 이날 엄마는 미용실에 갔다가 백화점도 가보고, 카페 가서 커피도 마십니다. 친구를 만나도 되는데 혼자만의 시간이 너무 필요하기에 혼자 그렇게 편한 시간을 많이 보내더라고요. 이때 아빠는 엄마에 대한 신경을 꺼야 합니다. 아이가 배고프다고 기저귀 갈아달라고 떼를 쓰고 울어도 아빠가 알아서 해결해야 합니다.

저희 집은 임신 기간부터 KBS 〈슈퍼맨이 돌아왔다〉를 하자는 말을 했습니다. 첫째 아이가 태어나고 일단 시작을 해보았죠. 다행히 아이가 아무것도 모르는 시기여서 좀 수월했습니다. 근데 아무리 그렇게 해도 낯을 가리기 시작하면 엄마만 찾습니다. 그렇지만 엄마의 날은 지켜야합니다. 저도 아이가 엄마 찾으면서 울 때 별짓을 다 해봤습니다. 노래도 불러줘보고 춤도 춰보고 책도 읽어주고 하면서 엄마 생각이 나지 않게 하려고 온갖 생쇼를 다 했습니다.

그래서 결국 꼬셔낸 방법이 "엄마 데리러 나갔다 올까?"였습니다. 그럼 아이는 좋다고 합니다. 엄마를 만나러 갈 생각에 울음도 멈추고 옷 입습니다. 아기띠 메고, 유모차도 끌고 나갑니다. 그냥 그렇게 산책하다 보면 곤히 잠들어버립니다. 그렇게 지내다 보니 아이도 아빠랑 있는 게 자연스러워지고, 아빠한테 "뭐 하자, 책 읽어줘." 이런 말도 하기 시작합니다.

그렇게 아내에게 자유를 한 번씩 주잖아요~ 그럼 내가 주말에 좀 자고 싶으면 한 번씩 양보도 해줍니다. 또 한 번씩 등산 간다고 하면 허락해줍니다.

그냥 아빠와 아이가 잘 지내게 만드는 게 엄마 입장에서는 아주 중요합니다. 가장 베스트는 아이가 아빠와 놀고 싶다는 생각이 들게 만드는 겁니다. 저희 집은 하루 종일 아빠랑 놀 생각하면서 저의 퇴근을 기다리는 게 문제입니다.

당장 아빠 혼자 그렇게 하라고 하면 힘듭니다. 오히려 아빠가 육아를 더 피하게 만드는 이유가 될 수 있습니다. 그래서 저는 이렇게 하면 어떨까 하는 생각을 해봅니다.

가족이 함께하는 행사를 많이 만듭니다. 그 행사는 함께 준비하고 즐기지만 아빠가 적극적으로 준비하고 행사에 참여하는 모습을 보면 아이들도 아빠에게 점수를 높게 줄 수 있습니다.

아직 신혼이거나 자녀 계획이 있으신 분들은 미리미리 역할 분담이나 규칙, 가족 문화 같은 것을 만들어 놓으세요. 그런데 이미 그런 시절이 지나간 분들은 억울하지만 이미 애들이 다 커버려서 그러려니 하고 받아들이고 살아야 합니다.

최근에 송혜교 나오는 드라마에서 이런 장면이 나왔습니다. 어머님이 아버님께 이혼장을 내밀면서 하는 말이 "애들 다 키웠으니 이제 내 인생 살련다."라고 말합니다. 이렇게까지 말하는 어머니의 입장, 충분히 이해가 갑니다. 나이 먹고 외롭지 않으려면 남편들 미리미리 잘해야 합니다. 저도 나중에 이런 일 안 당하기 위해서 지금 정말 최선을 다해서 살고 있습니다.

육아맘의 경력 단절,
복직과 육아 사이에 현명한 선택은?

이번 이야기 역시 많은 엄마들이 고민하는 부분입니다. 또 다른 육아 동지님이 제보해주신 사연으로 칼럼으로 풀어봤는데요. 세 살 터울의 남매를 육아하고 있는 이분은 회사보다 육아가 더 좋다고 말씀하셨습니다. 그래서 저는 이분께 우선 육아를 하라고 추천하였습니다.

맞벌이와 외벌이, 물론 꽤 어려운 결정입니다. 관련해서 현실적으로 생각해보겠습니다.

여자 입장에서 아이를 갖게 되면 그 순간부터 이름 대신 ○○ 맘으로 살게 됩니다. 육아 중에는 내 이름이 생각이 안 날 정도로 정신없고 힘이 듭니다. 그러다 문득 한 번씩 생각나는 내 이름. '맞다, 내가 ○○○였지.' 그러면서 직장생활 하던 시절, 학창 시절까지 떠오르면서 갑자기 우울해집니다.

요즘 아이 키우는 데 돈이 한두 푼 드나요~ 젊은 시절 많이 벌어놔서, 또는 부모님께 물려받은 게 있어서 무언가 특별한 경우를 제외하면 빚내서 집 얻고 결혼하고 살지 않나요? 똘망똘망 나만 바라보는 아이들 보고 있으면 우리 아이는 돈 걱정 없이 하고 싶은 거 다 시켜줘야지 하는 다짐을 하게 됩니다. 외벌이로도 이런저런 걱정이 없다면 그냥 육아를 하는 게 맞습니다.

성장기 아이에게 엄마는 정신적으로, 육체적으로 건강하게 자랄 수 있게 해주는 원동력입니다. 어린이집 하원할 때 엄마가 데리러 오는 거랑 할머니가 데리러 오는 거랑 아이들의 표정이 다릅니다. '다른 친구는 엄마가 오는데.' 이게 아이의 마음입니다. 따라서 상황적으로 완전 어려운 게 아니라면 엄마가 아이와 함께 있는 걸 추천합니다.

엄마가 일하러 나가면 부모님이나 도우미 등에게 아이를 부탁해야 합니다. 그럼 그분들께도 돈을 드려야지요. 맞벌이 나가서 그 돈을 주고도 여유가 있을 만큼 많이 번다면 복직을 하는 것이 맞고, 돈 버는 만큼 지출이 나가야 한다면 그냥 육아하시는 게 좋습니다.

공무원, 대기업, 전문직, 고액 연봉 이런 분들은 당연히 때 되면 복직을 하는 게 맞습니다. 물론 이것도 가족들과 상의를 해야 하는 문제이지요.

그럼 이쯤에서 제보자에게 육아를 추천해드린 이유를 설명하겠습니다.

- 육아가 더 적성에 맞는다고 합니다.
- 성장기 아이한테는 엄마가 있는 것이 좋습니다 .
- 제가 본 육아 동지님은 복직은 하지 않으셔도 충분히 육아
하시면서 경제 활동이 가능하신 분입니다.

실제 이분은 회사 업무에 스트레스를 많이 받아서 퇴사를 결
정했지만, 사장님의 권유로 출산휴가+육아휴직을 활용하였습
니다. 회사 입장에서는 일도 안 하는데 월급이 나가는 건 진짜
손해입니다. 그럼에도 불구하고 사장님이 이런 제안을 했다는
것은, 회사에서 능력을 인정하였고, 꼭 필요한 인재라고 생각했
다는 것입니다. 본업은 디자이너였는데 회사의 행정 업무까지
가능하다고 하시더라고요. 그래서 제가 육아를 제안했던 것입
니다.

요즘은 방구석에서 모바일이나 노트북만 있으면 돈 벌 수 있
는 좋은 시대입니다. 이분의 블로그 운영하는 것만 봐도 충분히
집에서도 무언가 경제 활동을 하실 수 있는 분이라고 생각이 듭

니다. 블로그에 글을 쓰기 전에 스토리텔링을 다 짜 놓고 글을 쓰신다는 것만 봐도 충분히 능력이 있으신 겁니다. 지금 당장은 아이들을 위해 가정을 위해 열심히 희생하고 둘째까지 좀 크면 그때 외부 활동을 하셔도 될 것 같다는 생각을 해보았습니다.

맞벌이와 외벌이

솔직히 남자의 입장에서도 엄청 고민되는 주제가 맞습니다.

워킹맘으로 사는 게 정말 힘들다는 걸 알기에 아내에게 나가서 돈 벌어오라고 하는 것 자체가 남자로서 자존심 상하고 내가 능력이 없다는 생각까지 들게 됩니다.

"손에 물 한 방울 묻히지 않게 해줄게." 그런 흔한 거짓말을 지키지는 못하지만 최소한 날 만났으면 힘들게 하지는 말아야지요.

모든 결론은 가족의 충분한 논의 후 현명한 선택을 하면 되겠습니다.

26

애 봐줄 때
아빠가 해야 할 일 10가지

이번 주제는 지금껏 다룬 내용 중 가장 핵심이라고 할 수 있습니다. 가장 인기가 많았던 사연인데요. 이것 역시 저의 이웃님이 흘려주신 소재로 만든 이야기입니다.

"배부른 소리일지 모르겠지만, 애 봐준다고 자유를 줘놓고 집에 오니 아이들 목욕이며 청소며 설거지며 엄청난 일을 만들어놔요. 자유시간 이후가 더 힘드니⋯ 이거 무서워서 자유시간을 가질 수 있을까요?"

그럼 본격적으로 아빠가 애 봐줄 때 해야 할 10가지 썰을 풀어보겠습니다.

1. 아이 밥 챙기기

이건 당연한 거죠? 갓난아기면 분유 타주면 되고, 수유해 놓은 모유가 있으면 중탕해서 먹이면 되고. 아이가 좀 컸으면 이유식 먹이면 되고, 더 컸으면 같이 밥 먹으면 됩니다. 엄마들은 어딜 가더라도 가족들 식사 준비는 어느 정도 해놓고 나갑니다. 아님 배달시키든지 해서 아이와 함께 식사하시면 됩니다.

2. 설거지하기

밥 먹었으면 설거지하는 건 당연하죠? 아이가 갓난아기인가요? 그럼 요람이나 바운서에 눕혀놓거나 아기띠로 업고 하면 됩니다. 일어서거나 기어다니는 아이면 점퍼루나 보행기에 태워놓고 하면 됩니다. 걷는 아이라고 하면 아기펜스 안에 장난감이랑 넣어놓으면 됩니다. 아이가 울어서 못 했느니 그런 핑계 댈 수가 없습니다.

3. 배변 관리

쉬했으면 기저귀 갈아주면 되고, 응가했으면 물티슈로 닦아주고 따뜻한 물로 살짝 엉덩이 헹궈주고 로션 바르고 새 기저귀 갈아주면 됩니다. 기저귀 떼었으면 상관없겠지요. ^^

4. 놀아주기

아빠가 놀아줄 때 아이가 정서적으로 더 안정되고 두뇌 성장에 더 좋다고 합니다. 누워 있는 아기면 오히려 수월하지요. 책도 읽어주고 노래도 같이 부르고 목마도 태워주고 하면 됩니다. 간지러워 죽겠는데 발 간지럽히고 하는 몰상식한 놀이만 하지 마세요. 아이가 웃는 건 간지러운 것도 있는데 짜증 나서 웃는 겁니다.

5. 산책시키기

코로나라서 위험하다고요? 여름엔 덥고 겨울엔 춥다고요? 봄에는 황사가 심하고 가을에는 미세먼지가 심하다고요? 그런 거 있어도 아이들은 바깥공기 좋아합니다. 아기띠 메고 미세먼지 방풍커버 같은 거 씌우고 다녀오면 됩니다. 방한커버, 워머 계절별로 필요한 좋은 아이템 많이 있습니다. 아이가 조금 더 컸다면 키즈카페나 대형마트라도 다녀오세요.

6. 낮잠 재우기

만 5세까지는 낮잠이 필요합니다. 커튼도 닫고 미리미리 분위기 조성해주고 자장가도 틀고 낮잠을 재우면서 같이 한숨 자면 됩니다.

7. 빨래하기

빨래는 세탁기가 하는 겁니다. 어려운 거 하나도 없으니 애들 재울 때 잠이 안 오면 세탁기 돌리세요. 잠시 그거 돌릴 시간도 없다는 건 뻥입니다.

8. 청소하기

장난감도 좀 치우고 청소기도 좀 돌리세요. 걸레질까지 하면 더 좋지만 거기까지는 바라지도 않습니다.

아기를 키우면 아기띠로 메고 하면 되고요, 걷기 시작하면 펜스에 넣어놓고 하면 됩니다. 돌이 지나도 아기는 백색소음 좋아합니다.

아이가 좀 컸다 싶으면 "아빠가 청소기 돌리면 아빠 뒤만 쫓아다녀. 아빠가 지나간 길이 제일 깨끗해." 이렇게 하잖아요? 그럼 재밌다고 아빠 뒤만 따라다니면서 기차놀이를 하게 됩니다. 1석 2조, 1타 2피!!

9. 목욕시키기

아기욕조에 물 받아놓고 살살 씻기면 되고, 다 컸으면 그냥 씻기면 됩니다. 이참에 아빠도 같이 씻으면 좋겠죠? 아이는 욕조에서 놀게 하고 씻으면 됩니다.

단! 딸이면 아빠는 속옷을 꼭 입고 씻기셔야 합니다. 이건 아이를 위해서 그러는 거니 이유는 오은영 박사님한테 물어보면 됩니다.

10. 이벤트 준비하기

엄마가 기분 좋게 놀다오면 집에 와서도 기분 좋게 작은 이벤트라도 준비해놓으세요. 예를 들어서 밥을 안 먹고 들어오면 밥상을 차려놓는다든지. 엄마가 들어올 때 아이랑 나란히 서서 "오셨습니까. 대왕대비마마~!" 이렇게 장난이라도 치든지. 아니면 집에 들어온 엄마를 소파에 앉혀놓고 "오늘 힘들었지?" 하면서 어깨나 다리 좀 주물러주면 됩니다.

애를 봐준다는 것은 평소에 엄마가 어떻게 살고 있는지 직접 체험하는 날입니다. 그럼 그날은 평소 엄마가 아이와 가족을 위해 하는 것을 남편이 똑같이 해줘야 합니다.

마지막으로 기억해야 할 것!

정말 가끔 한 번 있는 자유의 날에는 아무 생각 안 나게 해주세요. 머리도 좀 식혀야 합니다. 엄마들은 밖에 나가서 우리 신랑은 애도 잘 봐준다고 하면서 친구들한테 자랑하고 다닙니다. 그날은 아내가 잠들 때까지 이 기분 깨지 마시기 바랍니다.

그럼 다음 날 반찬이 달라져요.

다둥이 육아,
한 번이 어렵지
두 번이 어렵겠냐

27

아이를 두 명 이상
낳아야 하는 이유

"둘 낳자, 한 명만 낳자, 생긴 대로 낳자."

이런 이야기는 결혼 전부터 많이 나누시죠? 가족계획은 나 혼자 하는 것이 아니기에 충분히 상의하시고 협의점을 찾아야 육아도 덜 힘들고 화목한 가정을 이루실 수 있습니다. 아이 키우는 거, 정말 힘들다는 것은 다 알고 있을 겁니다. 엄마와 아빠의 모든 에너지를 오직 아이를 위해서만 쏟아야 하기 때문입니다. 사랑을 듬뿍 주어야 아이가 건강하고 올바르게 성장할 수 있기 때문입니다. 키우다 보니 돈도 많이 들어가고 몸도 힘드니까 더 이상 가족 계획을 안 하려는 가정이 많습니다.

이 한 장의 사진이 저희 부부에게 '아이를 두 명 낳길 정말 잘했다.'라고 셀프 칭찬을 하게 만들었습니다. 무슨 얘기인지 모르시겠죠? 스토리를 말씀드리겠습니다.

코로나 때문에 어린이집 적응 기간 동안 학부모 출입이 안 되서 많은 부모들과 아이들이 적응 기간을 힘들게 보냈죠. 다행히 언니가 같은 어린이집에 있어서 둘째는 그나마 적응을 빨리 한 편이었습니다. 어느 날 둘째가 점심을 먹다가 엄마가 생각났는지 울었고, 낮잠도 이루지 못했다고 합니다. 그런데 마침 같은 층에 있던 언니가 점심을 먹고 동생이 보고 싶다며 동생 반으로 찾아왔대요. 그리고는 잠을 못 이루는 동생에게 잘 자라며 토닥토닥 해주었는데, 둘째는 마음의 안정을 찾고 잠들었다고 합니다. 본인도 점심 먹고 친구들과 놀고 싶고 쉬고 싶을 텐데 동생 보고 싶다고 찾아왔다니. 참 핏줄은 신기하지요?

요즘 어린이집에는 '키즈노트'라는 앱을 활용해서 선생님과 소통을 하고, 아이들이 어린이집에서 생활하는 모습을 사진이나 동영상을 찍어서 올려주는데요, 이 앱을 통해서 선생님이 사진과 사연을 보내주셨습니다. 보면서 어찌나 울컥했는지 모릅니다.

개개인마다 사정이 있어서 그에 맞는 가족 계획을 하겠지만, 저는 둘째는 꼭 낳아야 한다고 추천하는 사람입니다. 매일같이 싸우고 그래도 핏줄이거든요. 보기만 해도 힘이 나고 세상 살맛 난답니다.

동생이 생겼어요,
질투하는 첫째 달래는 법

　동생이 생겼어요! 동생이 생겼다는 것은 첫째에게는 인생에서 처음 맞는 심각하고 혼란스러운 일입니다. 어느 날 불쑥 찾아온 동생 때문에 착하고 순한 우리 아이가 질투의 화신이 됩니다.

　우선 저희 집 이야기를 잠시 해보겠습니다. 16개월의 아기. 엄마 아빠와 함께 나들이도 다니고 엄마 아빠 사이에서 잠도 자면서 부모의 사랑을 듬뿍 받고 행복한 일상을 살고 있을 때지요. 그런데 밝고 명랑했던 첫째가 갑자기 엄마에 대해서 집착을 하기 시작합니다. 분명 아빠와도 잘 놀고, 목욕도 잘하고 그랬는데요, 어느 날부터 엄마만 찾고 엄마를 그렇게 끼고 살더라고요.

그리고 얼마 지나지 않아 유난히 컨디션이 안 좋아 보이는 주인님을 보게 됩니다. 혹시나 하는 마음에 테스트를 했는데요, 아주 희미한 두 줄이 나왔습니다. 두 줄이라고 하기에 애매했고, 그렇다고 아무렇지도 않게 넘기기도 찜찜하였습니다. 바로 첫째 때 봐주셨던 교수님 진료 예약을 하고 병원에 다녀왔습니다. 초음파에 아주 작은 무언가가 보이는데 2주 정도 조심히 쉬면서 추적관찰을 하기로 했습니다. 그렇게 저희 집에 새로운 생명이 선물처럼 찾아왔습니다.

(상황) 동생이 태어나기 전

동생이 생기면 첫째에게는 새로운 세상이 시작됩니다. 우선 엄마를 빼앗깁니다. 예전만큼 엄마랑 많이 놀지도 못하고 아빠랑만 놀게 됩니다. 엄마가 예전만큼 날 사랑하지 않는다고 느낄 정도로 뭔가 이상한 기운을 감지합니다. 관심 한번 받고 싶어서 애교도 한번 부려보고 떼도 써보고 사고도 쳐봅니다. 하지만 예민한 엄마는 떼쓴다고 다그치기만 합니다. 엄마도 엄청 힘든 시기거든요.

* 대처법 : 일단 온 가족이 합심하여 첫째가 사랑받고 있음을 충분히 느끼게 해줘야 합니다. 엄마의 빈자리나 소홀함이 느껴지지 않을 만큼 아빠나 다른 가족들이 채워줘야 합니다. 이때는 그게 가장 중요해요. 나중에 엄마가 출산을 하고 산후조리원에 가면 강제로 2주 이상 떨어져야 하잖아요. 그래서 그 누구와 있어도 잘 지낼 수 있게 미리미리 아빠가 정성껏 채워줘야 합니다. 그렇다고 엄마도 소홀히 하지 말아야 해요. 엄마 역시 몸은 힘들지만 사랑을 듬뿍 주셔야 합니다. 앞으로 일어날 상황에 대해 미리 한 번씩 알려주셔야 합니다. 엄마와 떨어져야 할 수 있음을 꼭 얘기해줘야 합니다. 이때 아기가 받은 충격이 평생 갑니다.

"엄마가 동생 낳으러 병원에 다녀올 거야. 병원은 무서운 곳이지? 엄마 혼자 얼른 다녀올 거니까 OO는 아빠랑 엄마 기다려 줘."

"OO은 동생이 태어나면 뭐 해줄 거야? 잘해줄 거야?"

이러면서 동생이 나온 이후의 상황도 함께 연습을 해보면 좋습니다. 출산 후에 지켜지지 않더라도 미리미리 해놓으세요. ^^

지금부터는 저의 경험담을 이야기해보겠습니다.

저희 주인님을 둘째를 가졌을 때 입덧이 엄청 심해서 밥을 거의 못 먹었습니다. 살이 너무 빠져서 병원에서 링거로 버티고 입·퇴원을 수시로 반복하였습니다. 엎친 데 덮친 격이라고 신호대기로 서 있을 때 택시가 뒤에서 들이받아서 그대로 병원으로, 임신 기간 10개월 중 6~7개월 이상을 병원에서 보냈습니다.

툭하면 엄마가 병원에 가야 해서 우리 첫째는 엄마와의 이별을 수시로 겪었는데요, 엄마가 나갈 때마다 울부짖는 아이를 달래는 게 가장 힘들었습니다. 그 모습이 지금도 생생합니다. 엄마가 나가고 난 후 현관에서 문을 두드리며 "엄마, 가지 마!" 하고 우는 모습, 그 목소리 지금도 생각하면 많이 미안합니다. 그 이후로 첫째는 엄마에 대한 집착이 많이 심해졌고, 지금도 엄마가 갑작스레 나가야 하는 상황이 생기면 한 번씩 울먹이면서 "엄마, 가지 마!"라고 외칩니다.

이때부터 제 인생에서 육아 전쟁은 시작되었습니다. 첫째는 아빠와 24시간을 보내야 했지요. 문화센터도 아빠랑 가고 밥도 아빠랑 먹고, 키즈카페도 아빠와 다녔습니다. 그나마 다행인 건 당시 제가 프리랜서였다는 점입니다. 당장 벌이는 쉽지 않아도 지금 첫째 옆에 있는 건 저뿐이었거든요. 업무 미팅도 같이 가고, 사무실도 같이 갔습니다. 새로운 키즈카페도 도장 깨기 하듯이 다녔습니다. 즐거워 보였지만 한편으로는 그늘도 보였습니다. 엄마와 함께 키즈카페에 오는 다른 친구들이 보이기 때문이죠.

매일 밤마다 엄마 찾는 아이를 달래고, 잠들 때까지 자장가를 불러주었습니다. 그렇게 버티다가 제가 일이 많아지는 시기가 되었습니다. 전국적으로 행사가 많아지는 8~9월부터는 진짜 바쁩니다. 이때 열심히 벌어서 추운 겨울을 나야 합니다. 두 돌 지나고 어린이집을 보내려고 했는데 결국 23개월 즈음에 '놀이학교'라는 곳을 보냈습니다. 아이가 적응을 하는 기간 동안 하루에 2시간, 3시간, 4시간 저에게는 조금씩 시간이 생겼습니다.

동생이 생겼어요!!

그렇게 버티다 보니 동생이 생겼습니다. 당시만 해도 코로나 시대가 아니어서 산후조리원에 아빠와 동생이 함께 생활을 할 수 있는 가족실이 있었습니다. 좀 비싸긴 했지만 다행히 두 번째 이용이라고 많이 할인을 받았습니다. 놀이학교에서 하원을 하면 엄마가 있는 산후조리원으로 갔습니다. 동생을 보고 신기해하던 첫째의 모습이 아직 생생합니다.

매일 동생에게 '산이야 안녕' 인사도 하고, 엄마랑 같이 밥도 먹고 행복한 시간을 보냈습니다. 물론 밤에 잠은 집에 와서 아빠와 보냈습니다. 이제 곧 엄마가 집에 온다는 생각에 설레던 첫째 모습이 떠오릅니다.

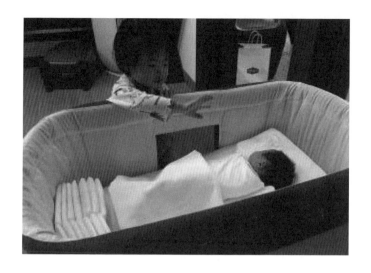

(첫째의 입장)

엄마가 동생이랑 같이 집에 왔습니다. 엄마가 집에 오면 이것
도 하고 저것도 하고 계획이 정말 많았는데 엄마는 온통 동생에
게만 신경을 씁니다. 아빠와 할머니도 동생이 울면 안아주고 분
유도 먹이고 동생하고만 놀아줍니다. 엄마랑 이야기 좀 하고 싶
은데 엄마는 동생이 깬다며 조용히 하라고 합니다. '아 이거 뭐
지?' 엄마를 뺏어간 동생이 얄밉습니다. 엄마가 분유를 타러 간

사이 동생을 한번 꼬집어봅니다. 자고 있는데 너무 얄미운 거 있죠. 동생이 울면 엄마는 배가 고파서 우는 줄 압니다. 그러다가 엄마한테 딱 걸렸습니다. 엄마는 저를 엄청 혼냅니다. 아빠를 찾았는데 엄마는 나에게 상처를 줍니다.

"넌 그럼 아빠랑 살아."

"…."

"아니야, 나 엄마랑 살 거야."

서글퍼서 눈물이 납니다. 아빠가 퇴근하고 오셨습니다. 나밖에 모르는 아빠 품에 안기니 또 눈물이 납니다. 왜 우냐고 아빠가 물어봅니다.

"동생 꼬집었어."

내 마음을 이해해줄 거라 생각한 아빠도 나에게 뭐라고 합니다.

동생에 대한 질투는 점점 더 심해집니다. 엄마 아빠한테 관심받으려고 사고도 쳐보고, 애교도 더 부려보지만 오히려 더 혼만 납니다.

동생이 생겼다는 것은, 와이프가 나랑 잘 살고 있다가 같이 살겠다며 우리 집에 어떤 남자를 하나 데리고 오는 것과 같은 거랍니다. 완전 배신이지요. 그런데 물릴 수도 없이 무조건 평생을 같이 살아야 하는 거랍니다. 그런데 굴러들어온 동생을 나보다 더 예뻐합니다. 지금부터는 엄마 아빠의 태도가 참 중요합니다. 다둥이 육아에서 부모가 꼭 알았으면 하는 내용을 말씀드리겠습니다.

1. 첫째이기에 더 좋은 점을 알려주세요

이건 엄마가 직접 이야기하면 좋을 것 같습니다. 왜냐면 엄마에 대한 질투가 가장 심하거든요.

"소이는 말도 할 수 있고, 쉬도 혼자 할 수 있고, 밥도 혼자 먹을 수 있지? 그런데 동생은 엄마나 아빠의 도움이 없으면 아무것도 할 수가 없어. 걸어갈 수도 없고 배고파도 밥도 못 먹어. 화장실도 못 가서 누워서 쉬해야 해. 그래서 엄마 아빠가 산이를 도와주려는 거야. 네가 미워서, 동생만 예뻐서 그러는 게 아니야. 엄마는 소이 옆에 꼭 있을 건데 동생이 혼자 할 수 없는 것만 이렇게 도와줄 거야. 그러니까 우리 동생한테 엄마를 잠시만 빌려줄 수 있을까? 그리고 소이가 옆에서 엄마를 조금만 도와주면 더 좋지 않을까?"

처음에는 고민하는 척하다가 엄마, 아빠가 그렇게 이야기하니까 알아들은 건지 그렇게 하겠다고 하더라고요. 이후로는 아주 가끔 빼고는 동생을 괴롭히지 않더라고요.

2. 똑같이 대해주어야 합니다

무조건 너는 언니니까 이렇게 해야 한다고 하지 마세요. 예를 들어 너가 언니니까 양보해야 한다는 식의 이야기는 안 됩니다. 또한 둘째가 언니의 장난감을 가지려 하거나 하면 정확히 언니 거라는 인식을 시켜주세요. 첫째 거는 꼭 지켜주세요. 훈계도 똑같습니다. 잘못을 했으면 같이 혼내야 합니다. 일방적인 훈계는 오히려 사이를 안 좋게 만듭니다.

3. 가끔씩 엄마가 온전히 첫째와의 시간을 보내주세요

저희는 가끔씩 엄마랑 둘이 극장도 가고요, 엄마랑 둘이 홍콩

디즈니랜드도 다녀왔습니다. 다녀온 지 한 달 만에 코로나 사태가 시작되었지요. ^^ 싸우든지 떼를 쓰든지 지지고 볶든지 둘만의 시간을 갖는 게 분명히 필요합니다.

4. 마지막으로 가장 중요한 게!

속마음을 충분히 생각해주세요. 아이들의 행동에는 이유가 있습니다. 울 때도 웃을 때도 분명 이유가 있습니다. 동생을 괴롭힐 때도, 떼를 부릴 때도 이유가 있을 겁니다. 한 번 더 생각해보고 아이의 입장에서 이야기를 나눠보세요. 무조건 하지 말라고 하는 건 도움이 안 됩니다. 모든 엄마들의 우상이죠, 오은영 박사님도 늘 말씀하십니다. 아이의 입장에서 봐야 하고, 그 마음을 확인하는 게 가장 중요합니다.

29

동생은 서러워요,
막내에게 잘해줘야 하는 이유

저는 네 살 차이 나는 형과 함께 자랐습니다. 나이 차이가 많은 건 아니지만 친하지 않았습니다. 제가 초등학교 때 형은 고등학교 갔고 그러다 보니 함께 어울릴 일이 없었다고 하는 게 정확하겠지요.

둘째라서, 막내라서 서러웠던 점들이 많이 있었는데 우리 둘째에게 그런 모습이 보이더라고요. 이번에는 막내에게 잘해줘야 하는 이유를 이야기해보겠습니다.

저희 부부는 두 살 터울로 아이를 갖자는 계획을 갖고 있었습니다. 그런데 예상했던 일정보다 빨리 둘째가 찾아왔습니다. 예정일도 아니었고 과학적으로 이해하기 힘든 일정이었습니다. 그런데도 둘째가 생겼다는 건, 아이는 정말 하늘에서 준 선물이 확실하다는 증거가 아닌가 합니다. 어느 날 아침 주인님이 감기 기운이 생겨 감기약을 먹으려 했는데 유난히 컨디션이 이상했습니다. 왠지 모를 불안감에 약국에서 테스트기를 사왔는데요, 정말 희미한 두 줄이 보였습니다. 그렇게 불쑥 찾아온 둘째의 이야기를 해보겠습니다.

막내에게 잘해줘야 하는 이유 1

산후조리원에서 집에 오자마자 언니가 엄마를 차지하기 위해서 온갖 수를 다 씁니다. 출산부터 조리원까지 2주 이상의 시간을 엄마와 떨어져 지냈기에 이제부터는 엄마를 독차지하고 싶은 건 당연한 일입니다. 엄마는 그동안 혼자 보내게 했던 것이 미안해서 어쩔 수 없이 다 받아주었습니다. 동생은 모유수유할 때와 언니가 어린이집에 갔을 때를 제외하고는 아빠와 할머니 손에 자랐습니다. 덕분인지 둘째는 어른들과 잘 지냅니다.

언니는 엄마랑 침대에서 함께 자고요, 둘째는 아빠랑 따로 잤습니다. 분유도 아빠랑 먹고 외출을 해도 아빠 품에서만 다녔습니다. 외로웠던 첫째를 위해 엄마가 신경을 써주는 건 좋은데 덕분에 동생은 엄마 냄새 대신 아빠 냄새만 맡고 자랐습니다.

막내에게 잘해줘야 하는 이유 2

"아야~ 누가 자꾸 때려요."

아직 엄마가 어떻게 생겼는지도 모르고, 먹고 자고 싸고 누워 있기만 하는데 누가 자꾸 와서 쿡쿡 찌르고 머리를 쥐어박고 꼬집어요. 가만히 생각해보니 엄마 젖 먹고 나서 누워 있을 때만 누가 때리는 것 같아요. 저는 속으로 다짐합니다. 얼른 크면 나 때리고 괴롭히는 사람 꼭 혼내줄 거예요.

막내에게 잘해줘야 하는 이유 3

저는 당근마켓인가요?

태어나서 지금껏 새 옷을 입어본 적이 없어요. 저는 부모님이
나를 위해 옷을 사놓고 기다리는 줄 알았어요. 나중에 알고 보
니 언니가 입던 옷, 언니가 신던 신발, 쓰던 수저. 백화점이나
마트를 가도 언니만 사주고 저는 안 사주더라고요. 그래서 저는
제가 당근마켓인 줄 알았어요. 그것도 무료 나눔으로요.

제가 막내라서 그랬을까요? 그래서 전 웬만하면 둘 다 사줬
습니다. 잠깐만 쓰고 다른 사람한테 물려주더라도 새로 사줬습
니다.

막내에게 잘해줘야 하는 이유 4

저는 존재감이 없는 건가요? 너무 무시당해요.

실제 있었던 일입니다. 둘째가 밥 먹다가 장난을 치길래 밥

먹기 싫으면 내려가라고 했더니 진짜 내려가서 방으로 가더라고요. 둘째 녀석은 삐치면 혼자 있고 싶다면서 방으로 들어가거든요. 이번에도 그런 줄 알고 신경 안 쓰고 밥 먹고 있었는데, 갑자기 할아버지가 둘째 녀석을 밖에서 데리고 들어오셨습니다. 알고 보니 삐쳐서 밖에 나갔답니다. 엄마 아빠가 본인을 무시하고 아무렇지 않게 밥 먹고 있는 모습이 집을 나가고 싶을 정도로 서운했나 봅니다. 당시 둘째에게 뭐라고 했었는데 지금 생각해보면 이 어린 녀석이 얼마나 상처를 받았으면 집을 나갈 생각을 했을까 하는 생각이 듭니다.

다둥이를 키워본 엄마 아빠들이 공감할 이야기를 해보겠습니다. 첫째 때는 처음이라 모든 게 조심스럽고 원하는 거 다 들어주고 그러지요. 둘째 때는 이미 한 번씩 겪어본 거라고 아무렇지 않게 모든 일을 받아들이게 됩니다. 아이가 이럴 때 떼를 쓰고, 이럴 때는 어떻게 해야 하는지 등 손수 경험을 통해 깨닫고 나니까 둘째의 행동, 언어 하나하나가 아무렇지도 않게 여기게 되고 나도 모르게 무시하는 경향이 생기더라고요. 그런데 그런 부모의 행동이 아이에게는 상처로 남는다는 걸 너무 뒤늦게 깨달았습니다. 그날 이후로 둘째의 의견도 다 들어주고 서운해하지 않게 노력하고 있습니다.

막내에게 잘해줘야 하는 이유 5

동생은 언니 따라쟁이입니다. 이건 다둥이를 키워보신 분은 다 아시죠? 동생은 인생의 모토가 언니이고 언니처럼 살고 싶고 언니만 따라 합니다. 언니가 밥 먹다 화장실 간다 하면 갑자기 본인도 쉬가 마렵습니다. 언니가 그림을 그리면 본인도 그림을 그려야 합니다. 동생 입장에서 봤을 땐 언니가 우상입니다. 저 역시 어릴 적에 그랬습니다.

형이 입은 옷은 다 멋있어 보였고, 형의 옷도 몰래 많이 입어보았습니다. 이렇듯 언니는 동생의 거울입니다. 언니한테 좀 더 가르쳐서 동생이 언니의 좋은 점만 따르게 하는 것이 좋습니다.

아파서 병원에 입원을 해도 아빠와 함께 있어서 6개월부터는 아빠만 눈에 안 보여도 울었습니다. 해외여행을 가서 베이비시터를 붙여도 아빠만 찾았는데, 엄마가 서운해한 적도 많았습니다.

지금은 아빠, 엄마 구분 없이 잘 지내고 있지만 동생이 생겼을 때 첫째한테 해줘야 할 것이 있다면 동생에게도 잘해줘야 하는 이유가 있습니다. 열 손가락 깨물어서 안 아픈 손가락이 없다는 이야기가 실감나는 요즘입니다.

'엄마는 언니만 좋아해, 아빠는 동생만 좋아해.' 이런 생각을 갖지 않게 사랑을 골고루 나눠주는 현명한 방법이 필요합니다. 아이들은 엄마, 아빠의 사랑으로 자라니까요. ^^

30

한번쯤 생각해봤을 단어, 정관 수술

아이를 낳고 키우다 보면 정말 힘들죠. 이 세상에 '나'는 없고 오로지 아이만을 위해 살고 있는 나를 발견하게 됩니다. 몸도 힘들고 돈도 많이 들어가고 하니 하나만 키우고 있어도 둘째 생각은 하지도 않습니다. 그래도 혼자면 외로우니 둘째까지는 꾸역꾸역 낳습니다. 이쯤 되면 엄마의 몸은 정말 망가져 있습니다. 아무리 좋은 거 먹고 한들 두 아이를 육아하면 세상이 싫어질 만큼 몸과 마음이 힘듭니다. 경력 단절은 물론이고 더 이상 엄마의 인생에는 이름 석 자로 불릴 일이 거의 없다고 보면 됩니다. '이렇게 애들만 위해 살다가 죽겠구나.' 이게 바로 엄마입니다. 이쯤 되면 엄마의 머릿속에는 한 단어가 생각이 납니다.

'정관 수술'

인터넷에서 검색을 해봅니다. 관련 정보도 보고, 맘카페에서 경험담도 찾아보면서 고민을 합니다. 남편한테 말을 해야 하나 말아야 하나.

어느 유명한 맘카페에 어떤 분이 이런 사연을 올렸습니다.

둘째 출산을 앞두고 너무 힘들어서 더 이상 출산이 어려울 것 같다고 생각하여 남편에게 정관 수술 이야기를 꺼냈다가 부부 싸움을 했다고 합니다.

남편 : "꼭 해야 하냐, 내 주위에 한 사람 아무도 없다."

아내 : "내 친구들은 남편들 자식 계획 없으면 먼저 한다고 하더라."

남편 : "나는 칼 대기 싫다. 임신이 그렇게 아무렇게나 되는 것도 아니고 할 필요 없다. 그렇게 걱정되면 너가 수술해라."

쉬운 건 아니지만 와이프 입장과 마음을 배려하고 생각을 해 준다면 저렇게까지 말하지 않으면 좋을 텐데 하는 생각에 눈물도 많이 흘렸다고 합니다. 강요하는 것도 아니고 그냥 말 한마디 꺼내었는데 그렇게 잘못된 일인가요?

글을 쓰고 있는 저는 남자입니다. 남자 입장에서 말씀을 드릴게요. 남자에게 정관 수술을 하라는 것은 여자에게 자궁을 들어내라는 것과 비슷한 말입니다. 여자와 남자의 생물학적 차이는 생식기죠. 그런데 그 생식기가 해야 하는 역할을 의학적으로 막는다는 건 사람이 가질 수 있는 권리 중 하나를 포기한다는 뜻입니다. 모든 동물은 생존과 번식을 목적으로 삽니다. 존재의 이유나 의미를 고민하는 건 인간밖에 없습니다. 특히 여자보다 남자가 번식 본능에 더 힘을 쏟습니다. 그런 남자에게 본능을 버리라고 하는 것과 같은 뜻입니다. 물론 누구나 그런 건 아니고 인간이 그렇게 태어났기에 말씀을 드리는 겁니다.

그렇지만 반대로 여자의 입장도 이해가 가지 않는 건 아닙니다. 여자도 분명히 번식 본능이 있을 테지만 출산과 육아의 어

려움을 겪으면서 소극적으로 변해가는 것이 아닌가 하는 생각
이 듭니다.

 정관 수술은 더 이상 가족 계획이 없고 마음 편하게 부부 사
이에 좋은 관계를 유지하기 위해서라면, 해도 좋다고 저는 생각
합니다.
 솔직히 말해서 이 책을 통해서 처음으로 커밍아웃합니다. 저
는 정관 수술을 둘째 낳고 약 6개월 후에 했습니다. 우리 부모
님도 모르고 저희 부부만 아는 사실입니다. 딸만 둘인 저에게
많이 물어봅니다. 아들을 원하지 않냐, 셋째는 아들 하나 낳아
야 하지 않겠냐고 물어보지만 저는 아들에 대한 욕심이 정말 1
도 없습니다. 지금 우리 두 딸만 봐도 너무 배부르고 너무 행복
합니다.
 저와 주인님은 정확히 마음이 일치했습니다. 처음에 주인님
이 저에게 제안을 했을 때 당황했다기보다는 인터넷으로 관련
정보를 찾아보느라 바빴습니다. 저희 부부 모두 아이는 둘만 낳
길 원했었고, 주인님 컨디션이 그리 좋지 않았기에 둘이라도 예

쁘게 잘 낳아준 것만으로도 너무 감사하고 있습니다.

결혼 전 주인님은 갑상선 항진증으로 고생을 했습니다. 약으로 호르몬 수치를 조절하고 어느 정도 시간이 지나면 수치가 정상으로 잡힌다고 하는데, 항진증과 저하증이 교대로 발생하면서 3년 가까이 힘든 시간을 보냈습니다. 저희는 신혼이고 가족 계획을 하고 있는데 호르몬에 영향을 주는 갑상선에 문제가 있으니 참 힘들었습니다. 결국 담당 교수님과 주인님은 고민 끝에 갑상선을 절제하기로 결정하였습니다. 평생 매일 아침 약을 먹고 살아야 하는데 아이를 갖기 위해 그 불편함을 짊어지고 수술을 받았습니다. 그리고 힘겹게 저에게 두 명의 공주님을 선물해주었죠. 특히 둘째는 정말 예상치 못하게 생겼습니다. 제 아무리 날짜가 아니고 피임을 했다고 해도 아이는 하늘에서 보내주는 것이기에 인간의 힘으로 할 수 있는 것이 아니라는 생각을 확신하게 되었습니다.

남자는 수술을 받으면 잠깐 상처만 났다가 아물 뿐이지 사는데 아무 지장이 없습니다. 우리 주인님이 평생 약을 먹는 고통을 감수하고 수술을 받은 것에 비하면 정말 아무것도 아닙니다.

수술 상담을 위해 병원에 가면 의사 선생님이 충분히 설명을
해 줍니다. 이제는 수술 방법이 묶는 것이 아닌 잘라내고 레이
저로 지져서 통로를 차단하는 거라 다시 연결이 되는 확률은 거
의 없다고 합니다. 수술 전 각서 또한 씁니다.

솔직히 저도 약간 겁이 났지만 하고 나니 진짜 아무것도 아니
었습니다. 통증도 하나도 없었고 수술 직후 일상생활에 아무런
지장이 없었습니다.

제가 정관 수술에 대해서 말씀해드릴 수 있는 건 여기까지입
니다. 부부가 충분한 협의 후에 진행을 하시면 되겠습니다. 그
리고 이 수술은 실비보험도 안 되는 항목이라는 점 참고하시기
바랍니다.

(31)

집에서 할 수 있는
놀이 10가지

코로나 팬데믹으로 우리의 일상이 많이 바뀌었죠. 특히 아이들이 학교나 어린이집을 가지 않아 온라인 수업이나 가정보육이 일상이 되었습니다. 아빠는 출근하고 아이들은 등원을 할 때가 엄마에게는 유일한 휴식시간인데, 그 소중한 시간을 2년간 갖지 못했으니 얼마나 힘들었을까요. 지난 2년간 방학처럼 육아를 해온 우리 엄마 아빠들에게 뜨거운 박수를 보내고 싶습니다.

그나마 재택근무를 하는 아빠들은 아이들과 많은 시간을 보낼 수 있었는데요, 아무리 사랑스러운 아이들이라고 해도 하루 종일 붙어 있으면 정말 할 것이 없습니다.

저는 20살부터 약 8년간 어린이 놀이 교육을 기획하고 운영하는 일을 꾸준히 알바로 했는데요, 그 경험이 우리 아이들 키우는 데 도움이 좀 되고 있습니다. 아빠와 아이들이 집에서 할 수 있는 놀이는 참 많은데요, 저의 경험을 토대로 가장 괜찮았던 10가지를 소개해드리겠습니다. 이 놀이들은 아빠와 엄마 누구나 할 수 있는 놀이입니다. 가능하면 아빠들이 많이 놀아주세요!

1. 셀카 놀이

※ 난이도 : 하

※ 비용 : 전혀 없음

셀카 놀이는 많은 엄마, 아빠가 이미 하고 계실 겁니다. 인지가 가능한 때부터 얼마든지 할 수 있고요, 생각보다 많이 재밌어합니다. 우리 아이들의 습득 능력은 상상을 초월합니다. 한 번만 알려줘도 다 합니다. 심지어 가르쳐준 적도 없는데 하는 경우도 있습니다.

어느 순간부터 아이가 먼저 "아빠, 사진 찍자."라고 얘기를 합니다. 본인들이 직접 효과도 선택합니다. 독립심이 생기는 때가 되면 다 본인들이 직접 누른다고 아빠는 누르지도 못하게 합니다.

2. 그림 그리기

※ 난이도 : 하

※ 비용 : 약간 (종이, 색연필 같은 도구가 필요합니다.)

우선 시작은 밑그림이 그려진 도화지나 스케치북을 사서 색칠하는 것부터 하면 됩니다. 처음에는 도와주고 같이 해주면 좋습니다. 그 다음부터는 스스로 하게 하면 좋습니다. 스케치에 맞는 사물을 사진으로 보여주면서 따라서 칠해보라고 하면 비슷한 색으로 제법 합니다. 이때 옆에서 엄마, 아빠도 다른 종이에 색칠을 해봅니다. 오랜만에 해보면 재밌습니다. 나중에는 그냥 아무것도 없는 도화지를 주면 본인이 그리고 싶은 거 그립니다. 색종이는 접기 놀이보다 동생의 놀이용으로 사용이 됩니다. 언니가 하는 거 다 따라 하고픈 동생입니다. 잘하든 못하든 동생도 똑같이 재료 준비해주세요.

3. 말 타기 놀이

※ 난이도 : 중하 (노동이 필요합니다.)

※ 비용 : 전혀 없음

이 한 장의 사진으로 모든 걸 말해줍니다. 제가 퇴근 후에 아이들과 가장 많이 놀아주는 종목입니다. 저희 아이들은 이 놀이를 '동물원 버스'라고 부릅니다. 에버랜드 사파리나 로스트밸리에서 타던 버스 기억나시죠? 버스 타고 동물들 만나는 거. 아이들 키우는 집이면 동물 포스터도 붙어 있을 겁니다. '아빠 등 버스'를 타고 집에 붙어 있는 곳곳의 볼거리를 찾아다닙니다. 이건 아무래도 힘도 필요하고 바닥에 안전매트는 필수입니다. 혹시라도 재밌다고 웃고 떠들다가 떨어지는 경우도 있습니다. 안전에 유의하신다면 아빠와 친해질 수 있는 완전 좋은 놀이입니다.

4. 음식 만들기

※ **난이도 : 중**

※ **비용 : 메뉴에 따라 달라집니다.**

세상에서 가장 쉬운 요리는 카레죠. 어린이용 칼과 도마를 인터넷에서 팝니다. 직접 감자나 양파를 썰 수 있게 도와줍니다. 불 위에서 달라붙지 않게 직접 저어달라고 합니다. 화상을 입으면 안 되니 장갑은 필수입니다.

식탁에서 "소이가 만들어서 진짜 맛있어."라고 하면 엄청 뿌듯해하고 기분 좋아합니다.

"그래? 아빠 그럼 내가 또 만들어줄게." 이렇게 얘기합니다. 그래서 키즈 쿠킹 클래스에도 데리고 가고 그랬어요.

5. 책 읽기

※ 난이도 : 중 (읽을 때 연기력이 좀 필요합니다.)

※ 비용 : 책값

엄마보다는 아빠가 책을 읽어주면 아이가 습득하고 인지하는 게 더 빠르다는 연구 자료가 있다고 합니다. 일단 책을 읽어주면 아이들이 참 좋아합니다. 아이들은 아빠와 책 읽는 시간을 즐거워합니다. 단, 건성으로 읽어주면 아이들이 다 압니다.

책을 읽을 때는 책 속의 주인공부터 조연, 단역, 해설사까지 되어주어야 합니다. 중간중간 아이들에게 질문도 던져주면서 집중하게 만들어야 합니다. 발연기도 좋습니다. 아이들에게만큼 이 순간 우리 엄마가 전지현이고, 아빠는 이병헌입니다.

6. 풍선 놀이

※ 난이도 : 중하

※ 비용 : 3,000원 (다이소 풍선 한 봉지, 테이프, 수수깡, 이쑤시개)

거실이든 방이든 벽과 벽 사이를 테이프로 길게 연결합니다. 높이는 아이들이 팔을 뻗었을 때 닿을 정도의 높이여야 합니다. 그리고 풍선을 붙여서 테이프에 고정합니다. 수수깡 또는 긴 막대에 이쑤시개를 테이프로 고정해서 아이들이 직접 풍선을 찔러서 터트리게 하는 놀이입니다. 이거 별거 아닌 것 같은데 아이들이 엄청 좋아합니다.

코로나 때문에 한창 집에만 있을 때는 활동량도 없어서 몸이 근질거렸거든요. 1차로 함께 놀게 하고 2차로는 두 줄로 만들어서 아이들 시합을 시켜봅니다. 물론 동생 쪽은 좀 더 쉽게 해주고 도와주면 되겠죠.

7. 야광봉 놀이

※ 난이도 : 중

※ 비용 : 7,000원 (야광봉 쿠팡 로켓 배송 100개짜리)

이건 저희 주인님의 아이디어입니다. 쿠팡 로켓 배송으로 100개짜리 야광 팔찌를 구입합니다. 하나씩 터트려서 아이들과 저의 몸에 스카치테이프로 고정을 합니다. 다른 거 없습니다. 그냥 불끄고 음악 틀고 놀면 그렇게 좋아할 수 없습니다. 아이들 진짜 자지러집니다.

일일이 붙여야 하는 귀찮음은 있지만, 이거 효과는 무조건 장담합니다!

8. 트램펄린

※ 난이도 : 하

※ 비용 : 많이

코로나 시절 집에 있어서 활동량이 작은 아이들이 변비 증상으로 소아과를 많이 찾았다고 합니다. 저희 아이들도 경험이 있어서 생각해낸 것이 트램펄린입니다. 이거 완전 쉬운 놀이지만 고가의 비용이 발생한다는 점에서 8번으로 내려왔습니다. 10만 원 정도 비용이 든다는 점과 자리를 많이 차지한다는 점!

저희는 성인용 트램펄린도 함께 있었는데요, 결국 둘 다 다른 집에 물려줬습니다. 적당히 타더니 안 타더라고요. 그래서 이건 대여 서비스를 하는 걸 추천합니다.

9. 도장 찍기

※ 난이도 : 상 (이건 비용과 노력이 반드시 필요합니다.)

※ 비용 : 몇만 원 (큰 비닐, 큰 전지, 물감 및 도장)

지금부터는 미치지 않고서는 못 하는 것을 말씀드리겠습니다. 이건 보통 정성과 노력이 필요한 게 아닙니다.

놀이를 할 공간에 큰 김장 비닐 등을 펼쳐서 철저하게 마감을 해줍니다. 집이 넓으신 분들은 끝이 없겠죠. 저희는 집이 넓지 않아서 그나마 다행입니다. 비닐 위에 전지를 깔고 1회용 플라스틱 접시에 다양한 컬러의 물감을 풀어줍니다. 도장과 손바닥, 발바닥 등 온몸을 이용하여 미술 놀이를 해봅니다. 옷이야 빨면 되고, 다른 것은 그대로 말아서 종량제에 담아서 버리면 됩니다. 사진만 봐도 난이도 '상'이 느껴지지요?

아빠가 알아야 할 31가지

10. 밀가루 놀이

※ 난이도 : 최상

※ 비용 : 9번 물감 놀이 + 약 5,000원 (밀가루)

미쳤다고 생각하고 9번 도장 찍기를 진행했다면, 이번에는 포기 상태가 되어 밀가루 놀이를 진행해봅니다. 이미 버린 옷, 이미 세팅되어 있는 장소니까 이왕 시작한 김에 집에서 할 수 있는 놀이의 끝판왕을 해보자는 겁니다. 대야에 밀가루를 풀어줍니다. 촉감 놀이를 해보라고 하면 아이들 역시 정신을 내려놓습니다. 이미 안드로메다에 도착해 있습니다.

단순히 만지는 걸로 끝나지 않습니다. 손뼉을 쳐서 밀가루를 날려보기도 하고, 하늘로 던져보기도 합니다. 하늘로 던지는 건 무조건 말려야 합니다. 타이밍 놓치면 모든 가구를 다 빼서 청소를 해야 하는 불상사가 생겨버립니다. 아기욕조를 꺼내 와서 밀가루를 풀어주면 아이들은 이 세상 사람이 아닌 듯 놉니다. 다 놀고 나면 목욕은 주인님 담당, 뒷정리는 제 담당이 됩니다.

아빠가 알아야 할 31가지